高职高专

名校名师精品“十三五”规划教材

Application Development Based on SSM Lightweight Framework

SSM 轻量级框架应用开发教程

微课版 Spring+Spring MVC+MyBatis

张桓 刘仲会 丁明浩◉主编

人 民 邮 电 出 版 社

北 京

图书在版编目（CIP）数据

SSM轻量级框架应用开发教程 : 微课版 / 张桓, 刘仲会, 丁明浩主编. -- 北京 : 人民邮电出版社, 2020.7
高职高专名校名师精品“十三五”规划教材
ISBN 978-7-115-53370-8

Ⅰ. ①S… Ⅱ. ①张… ②刘… ③丁… Ⅲ. ①JAVA语言－程序设计－高等职业教育－教材 Ⅳ. ①TP312.8

中国版本图书馆CIP数据核字(2020)第010848号

内 容 提 要

本书通过通俗易懂的语言、丰富多样的案例，详细介绍了基于 SSM 框架技术的 Web 应用开发的核心技术。全书分为八个项目，内容包括 SSM 轻量级框架概述、Java Script 脚本语言和 Ajax 技术、Spring 基础、Spring 扩展、MyBatis 开发入门、Spring MVC 体系结构和处理请求控制器、Spring MVC 的核心应用，SSM 框架整合项目实战。

本书采用项目驱动方式，把所有知识点结合具体实例进行讲解，尤其是最后的项目实战案例来自作者实际开发的项目。本书内容丰富，系统性和应用性强，融入了作者多年教学和项目开发的经验及体会，可以帮助读者了解基于 SSM 轻量级框架技术的 Web 应用开发的精髓，快速掌握相关的开发技能。

本书既可作为高职高专计算机相关专业的教材，又可作为广大 Web 应用开发者自学 SSM 框架的入门教材，还可作为从事相关应用开发的工程技术人员学习和使用的参考书籍。

◆ 主　　编　张　桓　刘仲会　丁明浩
责任编辑　刘　佳
责任印制　王　郁　马振武

◆ 人民邮电出版社出版发行　　北京市丰台区成寿寺路 11 号
邮编　100164　　电子邮件　315@ptpress.com.cn
网址　https://www.ptpress.com.cn
固安县铭成印刷有限公司印刷

◆ 开本：787×1092　1/16
印张：13.5　　2020 年 7 月第 1 版
字数：360 千字　　2024 年 12 月河北第 10 次印刷

定价：46.00 元

读者服务热线：(010) 81055256　印装质量热线：(010) 81055316
反盗版热线：(010) 81055315
广告经营许可证：京东市监广登字 20170147 号

前言 FOREWORD

党的二十大报告中指出教育是国之大计、党之大计。培养什么人、怎样培养人、为谁培养人是教育的根本问题。育人的根本在于立德。本书精心设计了 8 个思政小案例，因势利导，依据专业课程的特点，采取恰当方式，自然融入中华传统文化、科学精神、职业素养和爱国情怀等元素。注重挖掘课程中的思政教育要素，弘扬精益求精的专业精神和职业精神。注重挖掘学习与工作生活之间的紧密联系，将“为学”和“为人”有机地结合在一起。

经过多年的发展，Java EE 技术已经成为 Web 应用开发的主流技术之一，为越来越多的 Web 应用开发人员所使用。本书以培养读者掌握基于 SSM 轻量级框架技术的 Web 项目开发能力为主旨，结合作者长期从事 Java EE 教学与项目开发的实践经验，以独有的项目任务结构安排与知识体系设计及先进的教学理念循序渐进地展开教学内容。本书能够使初学者建立起基于 SSM 框架的 Web 应用开发设计理念，为其进行项目开发打下坚实的基础；能够较好地帮助读者梳理知识体系，将各个分散的知识点凝聚到实际 Web 应用开发这条主线上来。

本书适用于具有 Java 基础和 Java Web 基础相关知识的读者学习。对于没有任何基础的读者，建议先学习《Java 语言程序设计（微课版）》（书号：978-7-115-46960-1）和《Java Web 动态网站开发（微课版）》（书号：978-7-115-50193-6）。

全书将基于 SSM 框架技术的 Web 应用开发的精髓知识点分解为 8 个项目，围绕 SSM 框架的基础知识点展开，内容包括：SSM 轻量级框架概述、Java Script 脚本语言和 Ajax 技术、Spring 基础、Spring 扩展、MyBatis 开发入门、Spring MVC 体系结构和处理请求控制器、Spring MVC 的核心应用、SSM 框架整合项目实战。

本书以高职高专计算机相关专业和其他有 Web 应用开发需求的工科专业读者为主要使用对象，也可作为 Java EE 应用开发人员的参考书。教学过程中建议采用理论实践一体化教学模式，参考学时见下面的学时分配表。

学时分配表

课程内容	学时
项目一　SSM 轻量级框架概述	4
项目二　Java Script 脚本语言和 Ajax 技术	6
项目三　Spring 基础	10
项目四　Spring 扩展	10
项目五　MyBatis 开发入门	10
项目六　Spring MVC 体系结构和处理请求控制器	10
项目七　Spring MVC 的核心应用	10
项目八　SSM 框架整合项目实战	12
学时总计	72

本书配备了教学项目案例、微课视频、教学课件、素养拓展阅读包等学习资源，方便读者在课堂之外继续学习。本书在编写中力求重点突出、难易适中，在强调知识原理的基础上，注重思维训练，提高读者的项目开发能力。本书的成稿，得益于一支工学结合的编写团队。参与各项目编写的人员均是国家示范高职院校的一线骨干教师。他们具备丰富的教学经验及项目开发实践经验，具有如何将理论知识转化为实际开发能力。

本书由张桓、刘仲会、丁明浩任主编，耿韶光参编。全书由张桓统稿和主审。

在本书的编写与出版过程中，人民邮电出版社的编辑同志以高度负责的敬业精神，付出了大量的心血。还有很多同行及专家提出了许多宝贵的意见。在此，对所有在本书编写和出版过程中提供过帮助的同志表示衷心的感谢！由于作者水平有限，书中难免有不妥之处，敬请各位读者与专家批评指正。

编　者

2023 年 5 月

目 录 CONTENTS

项目三

项目四

项目五

项目六

项目七

项目八

SSM 框架整合项目实战 ……167

项目一

SSM 轻量级框架概述

当前轻量级 Java EE 应用开发通常会采用两种方式：一种是以 SSH（Struts + Spring + Hibernate）框架为核心的组合方式；另一种是以 SSM（Spring + Spring MVC + MyBatis）框架为核心的组合方式。

课堂学习目标

了解轻量级框架的基本概念
掌握 SSM 轻量级框架的组成
掌握基础开发环境的搭建和配置

任务一 轻量级 Java EE 框架概述

任务要求

本任务要求了解框架、Java EE 和轻量级的基本概念，了解 SSH 和 SSM 框架的基本区别。

任务实现

（一）什么是框架

“框架（Framework）”一词最早出现在建筑领域，指的是在建造房屋前期构建的建筑骨架。

随着软件系统的发展，框架的概念也融入其中。因为软件系统发展到今天已经很复杂了，特别是服务器端（Server-side）软件，涉及的框架相关知识、内容、问题太多。在某些方面使用成熟的框架，就相当于让别人帮我们完成一些基础工作，而我们只需要集中精力完成系统的业务逻辑设计即可。而且框架一般是成熟、稳健的，可以用来处理系统的很多细节问题，如事务性问题、安全性问题、数据流控制性问题等。

框架要解决的最重要的一个问题是技术整合的问题。框架一般是一个提供了可重用的公共结构的半成品。它为构建新的应用程序提供了极大的便利，不但提供了可以拿来就用的工具，更重要的是提供了可重用的设计。

（二）什么是 Java EE

Java EE（Java Platform，Enterprise Edition）是 Sun 公司（2009 年 4 月 20 日甲骨文公司将其收购）推出的企业级应用程序版本。这个版本以前称为 J2EE。它能够帮助我们开发和部署可移植、可伸缩且安全的服务器端 Java 应用程序。Java EE 是在 Java SE 的基础上构建的。它提供 Web 服务、组件模型、管理和通信 API，可以用来实现企业级的面向服务体系结构（Service-Oriented Architecture，SOA）和 Web 3.0 应用程序。2018 年 3 月，开源组织 Eclipse 基金会宣布，Java EE 被更名为 Jakarta EE。

（三）轻量级 Java EE 的常用框架

轻量级框架是相对于重量级框架的一种设计模式。轻量级框架不带有侵略性 API，对容器也没有依赖性，易于进行配置，易于通用，启动时间较短。这是轻量级框架相对于重量级框架的优势。

轻量级框架侧重于减弱开发的复杂度，相应地，它的处理能力也有所减弱（如事务性功能弱、不具备分布式处理能力），比较适用于开发中小型企业级应用项目。

当前轻量级 Java EE 应用开发通常会采用两种方式：一种是以 SSH（Struts + Spring + Hibernate）框架为核心的组合方式；另一种是以 SSM（Spring + Spring MVC + MyBatis）框架为核心的组合方式。使用这两种组合方式的项目都使轻量级 Java EE 架构具有高度的可维护性和可扩展性，同时极大地提高了项目的开发效率，降低了开发和维护的成本。因此，这两种组合方式已成为当前各个企业项目开发的首选。

这两种组合框架的相同点在于都以 Spring 框架为核心，而两者的主要不同之处在于 MVC 的实现方式（Struts 与 Spring MVC）和对象关系映射（Object Relational Mapping，ORM）的持久化方面（Hibernate 与 MyBatis）。SSH 较注重配置开发，其中的 Hibernate 对 JDBC 的完整封装更倾向于面向对象，对数据维护中的增、删、改、查操作更自动化，但在 SQL 优化方面较弱，且学习门槛稍高；SSM 更注重注解式开发，且 ORM 的实现更加灵活，SQL 优化更简便，学习起来容易入门。目前来说，传统企业项目的开发，使用 SSH 框架比较多；而对性能要求较高的 Web 项目，通常会选用 SSM 框架。因此，对于想从事 Web 项目开发的人员来说，学好 SSM 框架，就显得比较重要了。

任务二 SSM 轻量级框架概述

任务要求

本任务要求了解 SSM 轻量级框架，认识 SSM 轻量级框架的基本组成。

任务实现

（一）SSM 框架集概述

Spring MVC 是一个优秀的 Web 框架，MyBatis 是一个 ORM 数据持久化框架，它们是两个独立的框架，之间没有直接的联系。但由于 Spring 框架提供了控制反转（Inversion of Control，IoC）和面向切面编程（Aspet-Oriented Programming，AOP）等相当实用的功能，若把 Spring MVC 和 MyBatis 的对象交给 Spring 容器进行解耦合管理，不仅能大大增强系统的灵活性、便于功能扩展，还能通过 Spring 提供的服务简化编码，减少开发工作量、提高开发效率。SSM 框架整合就是分别实现 Spring 与 Spring MVC、Spring 与 MyBatis 的整合，而实现整合的主要工作就是把 Spring MVC 、MyBatis 中的对象配置到 Spring 容器中，交给 Spring 来管理。当然，对于 Spring MVC 框架来说，它本身就是 Spring 为表现层提供的 MVC 框架，所以在进行框架整合时，Spring MVC 与 Spring 可以无缝集成。

（二）Spring 概述

Spring 是一个开源框架，由 Rod Johnson 创建。它是为了解决企业应用开发的复杂性而创建的。Spring 使用基本的 JavaBean 来完成以前只可能由 EJB 完成的事情。然而，Spring 的用途不仅限于服务器端的开发。从简单性、可测试性和松耦合的角度而言，任何 Java 应用都可以从 Spring 中受益。

Spring 的一个最大的目的就是使 Java EE 开发更加容易。同时，Spring 之所以与 Struts、Hibernate 等单层框架不同，是因为 Spring 致力于提供一个以统一、高效的方式构造整个应用，并且可以将单层框架以最佳的组合揉合在一起建立的连贯的体系。可以说 Spring 是一个提供了更完善开发环境的框架，可以为 POJO（Plain Ordinary Java Object）对象提供企业级的服务。

（三）Spring MVC 概述

Spring MVC 属于 Spring Framework 的后续产品，已经融合在 Spring Web Flow 中。Spring 框架提供了构建 Web 应用程序的全功能 MVC 模块。使用 Spring 可插入 MVC 架构，在使用 Spring 进行 Web 开发时，就可以选择使用 Spring 的 Spring MVC 框架或集成其他 MVC 开发框架。

Spring MVC 是一个典型的教科书式的 MVC 框架，而不像 Struts 等都是变种的或者不是完全基于 MVC 系统的框架。对于初学者或者想了解 MVC 框架的人来说，Spring MVC 是最合适的。

（四）MyBatis 概述

MyBatis 本是 Apache 的一个开源项目 iBatis，2010 年这个项目由 Apache Software Foundation 迁移到了 Google Code，并且改名为 MyBatis，2013 年迁移到了 Github。当前，最新版本是 MyBatis 3.5.1，其发布时间是 2019 年 4 月。

MyBatis 是一款优秀的持久层框架，它支持定制化 SQL、存储过程及高级映射。MyBatis 避免了几乎所有的 JDBC 代码编写和手动设置参数及获取结果集，可以使用简单的 XML 或注解来配置和映射原生信息，将接口和 Java 的 POJO 映射成数据库中的记录，使 Java 开发人员可以使用面向对象的编程思想来操作数据库。

MyBatis 框架也被称为 ORM 框架。ORM 是一种为了解决面向对象与关系型数据库中数据类型不匹配问题的技术。它通过描述 Java 对象与数据库表之间的映射关系，自动将 Java 应用程序中的对象持久化到关系型数据库的表中。使用 ORM 框架后，应用程序不再直接访问底层数据库，而是以面向对象的方式来操作持久化对象（Persisent Object，PO），而 ORM 框架则会通过映射关系将这些面向对象的操作转换成底层的 SQL 操作。

当前主要的 ORM 框架产品有 Hibernate 和 MyBatis。

1. Hibernate 的特点

Hibernate 是一个全表映射的框架。通常开发者只需定义好 PO 到数据库表的映射关系，就可以通过 Hibernate 提供的方法完成持久层操作。开发者并不需要熟练地掌握 SQL 语句的编写，Hibernate 会根据制定的存储逻辑，自动生成对应的 SQL 语句，并调用 JDBC 接口来执行，所以其开发效率会高于 MyBatis。然而，Hibernate 自身也存在着一些缺点，如它在多表关联时，对 SQL 查询的支持较差；更新数据时，需要发送所有字段；不支持存储过程；不能通过优化 SQL 来优化性能等。这些问题导致其只适合在场景不太复杂且对性能要求不高的项目中使用。

2. MyBatis 的特点

MyBatis 是一个半自动映射的框架。这里所谓的“半自动”是相对于 Hibernate 全表映射而言的。MyBatis 需要手动匹配提供 POJO、SQL 和映射关系，而 Hibernate 只需提供 POJO 和映射关系即可。与 Hibernate 相比，虽然使用 MyBatis 手动编写 SQL 语句要比使用 Hibernate 的工作量大，但 MyBatis 可以配置动态 SQL 并优化 SQL，可以通过配置决定 SQL 的映射规则，它还支持存储过程等。对于一些复杂的和需要优化性能的项目来说，显然使用 MyBatis 更加合适。

任务三 应用开发环境搭建

任务要求

本任务要求了解 SSM 轻量级框架开发环境的组成，掌握 SSM 轻量级框架开发环境的搭建。

任务实现

（一）安装和配置 JDK 开发环境

微课：安装配置 JDK

Java 开发工具包（Java Development Kit，JDK）是 Sun 公司提供的 Java 开发环境和运行环境，是所有 Java 类应用程序的基础。从 JDK 1.7 版本开始，由 Oracle 公司负责版本升级扩展服务。JDK 包括一组 API 和 JRE（Java 运行时的环境），这些 API 是构建 Java 类应用程序的基础。

JDK 为免费开源的开发环境，任何开发人员都可以直接从官方网站中下载获得安装程序包。本书使用的是 JDK 1.8 版本。

1. JDK 的安装步骤

（1）双击 JDK 安装程序，弹出安装对话框，如图 1-1 所示。

（2）单击“下一步”按钮，进入定制安装界面，如图 1-2 所示。

（3）选择安装路径。如果需更换安装路径，就单击“更改”按钮，在弹出的对话框中选择安装目录的位置。注意，安装目录中不要使用中文目录名称。单击“下一步”按钮，进入正在安装界面，开始安装，如图 1-3 所示。

（4）安装过程中会出现 JRE 安装路径选择界面，处理方式同步骤（3）。再单击“下一步”按钮，系统进入自动安装状态，最后进入安装完成界面，如图 1-4 所示。

（5）单击“关闭”按钮，完成 JDK 的安装。

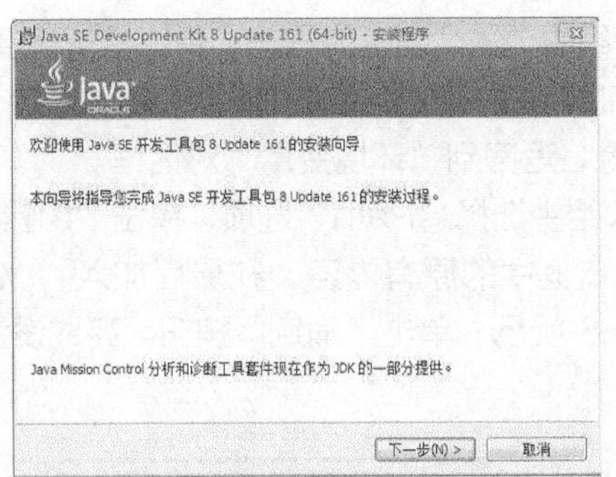

图 1-1

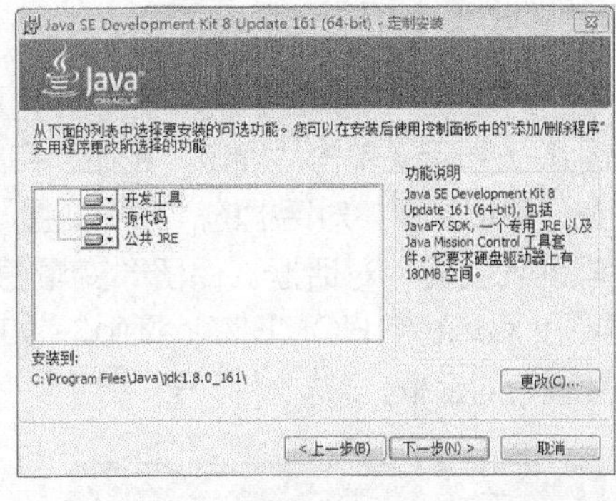

图 1-2

图 1-3

图 1-4

2. JDK 环境变量的配置

（1）用鼠标右键单击桌面上的“计算机”图标，在弹出的快捷菜单中选择“属性”命令，在弹出的窗口中选择“高级系统设置”菜单。在弹出的“系统属性”对话框中切换到“高级”选项卡，如图 1-5 所示。

（2）单击“环境变量”按钮，弹出“环境变量”对话框，如图 1-6 所示。

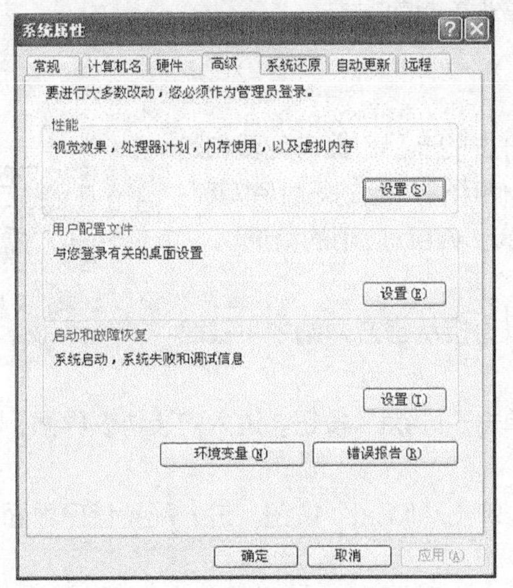

图 1-5

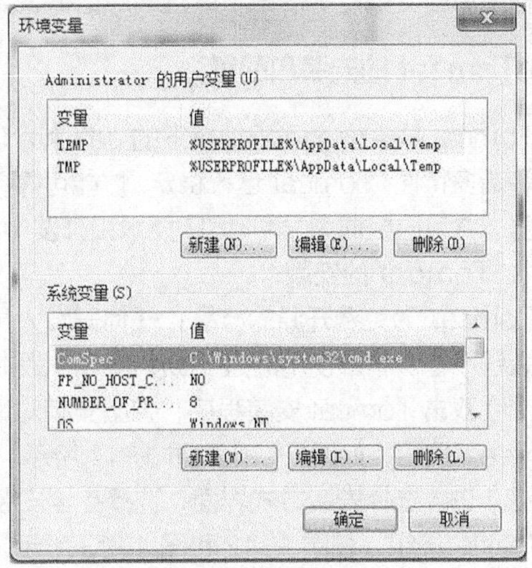

图 1-6

（3）在“环境变量”对话框的“系统变量”选项组中单击“新建”按钮，弹出“新建系统变量”对话框。在“变量名”文本框中输入“JAVA_HOME”，在“变量值”文本框中输入 JDK 的安装路径，如图 1-7 所示。单击“确定”按钮，完成设置，返回到“环境变量”对话框。

（4）在“环境变量”对话框的“系统变量”选项组中选择“Path”选项，单击“编辑”按钮，弹出“编辑系统变量”对话框。保留“变量值”文本框中的原有内容，在最后加入“;%JAVA_HOME%\bin;%JAVA_HOME%\jre\bin”，如图 1-8 所示。单击“确定”按钮，完成设置，返回到“环境变量”对话框。

图 1-7

图 1-8

（5）在“环境变量”对话框中，再次单击“新建”按钮，弹出“新建系统变量”对话框。在“变量名”文本框中输入“CLASSPATH”，在“变量值”文本框中输入“.;%JAVA_HOME%\lib;%JAVA_HOME%\lib\tools.jar”，如图 1-9 所示。单击“确定”按钮，完成设置，返回到“环境变量”对话框。

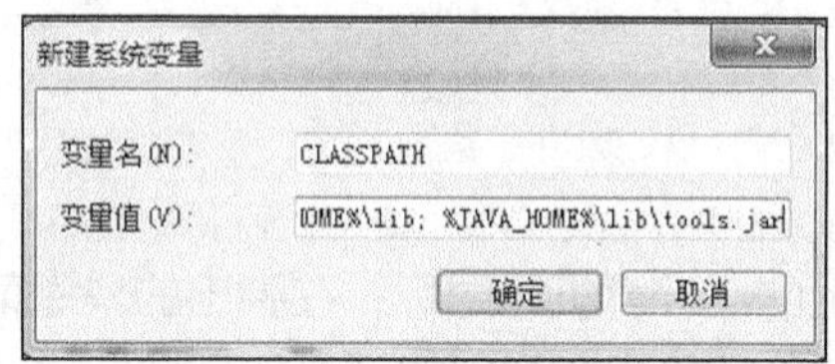

图 1-9

（6）在“环境变量”对话框中单击“确定”按钮，返回到“系统属性”对话框。在“系统属性”对话框中单击“确定”按钮，退出该对话框，完成环境变量的配置。

（二）Tomcat 的安装和配置

Tomcat 是 Apache 组织旗下的 Jakarta 项目组开发的产品，具有免费和跨平台等诸多特性。Tomcat 运行稳定、性能可靠，是当今使用最广泛的 Serlet/JSP 服务器，并且已经成为学习 JSP 技术和开发中小型 Java Web 应用的首选。

微课：安装 Tomcat

1. Tomcat 的安装

Tomcat 为免费开源的产品，任何开发人员都可以直接从官方网站中下载获得安装程序包。本书使用的是 Tomcat 8.0 版本。

（1）双击 Tomcat 安装程序，弹出安装对话框，单击“Next”按钮，进入安装协议界面，单击“I Agree”按钮，如图 1-10 和图 1-11 所示。

（2）进入选择安装方式界面，选择完全安装模式，单击“Next”按钮，进入配置管理界面，单击“Next”按钮，如图 1-12 和图 1-13 所示。

图 1-10

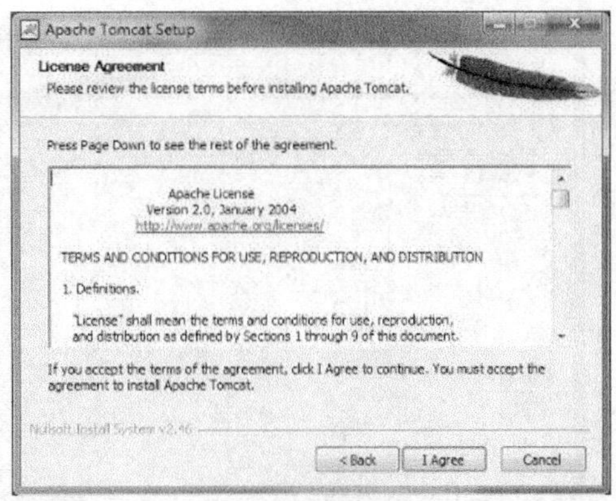

图 1-11

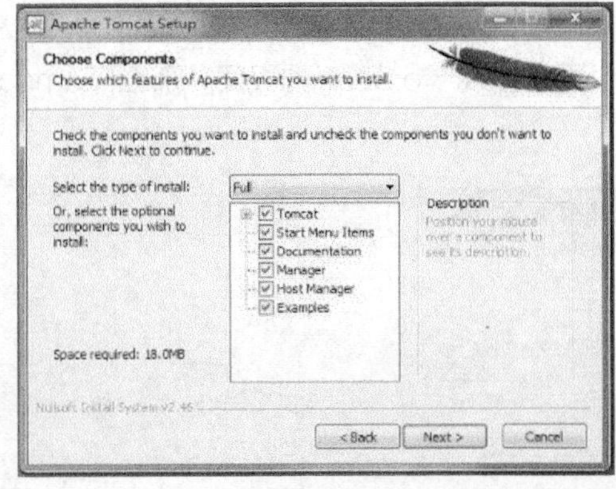

图 1-12

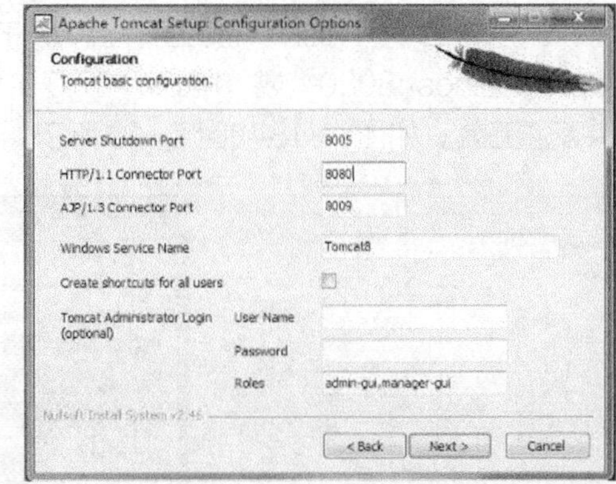

图 1-13

（3）进入 Java 资源选择界面，单击“Next”按钮，进入 Tomcat 安装目录选择界面，选择安装路径。如果需更换安装路径，就单击▭按钮，在弹出的对话框中选择安装目录的位置，如图 1-14 和图 1-15 所示。

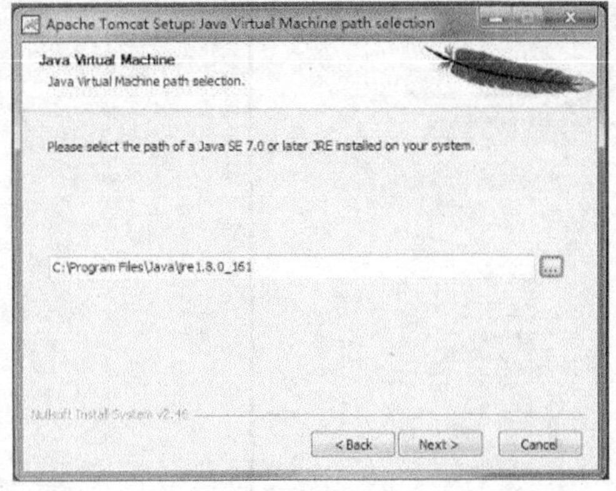

图 1-14

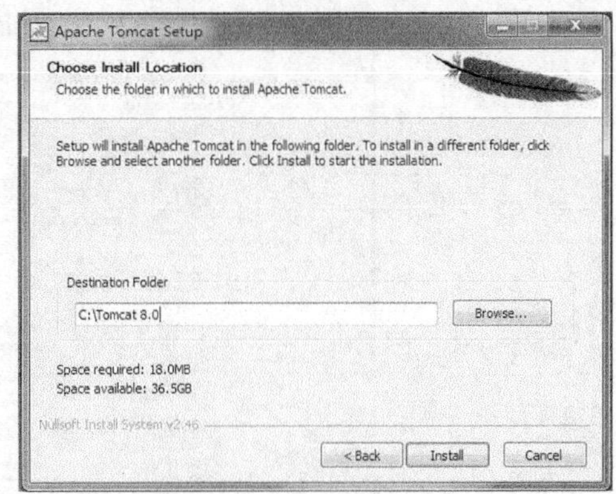

图 1-15

（4）单击“Install”按钮，进入正在安装界面，开始安装，最后进入安装完成界面，如图 1-16 和图 1-17 所示。

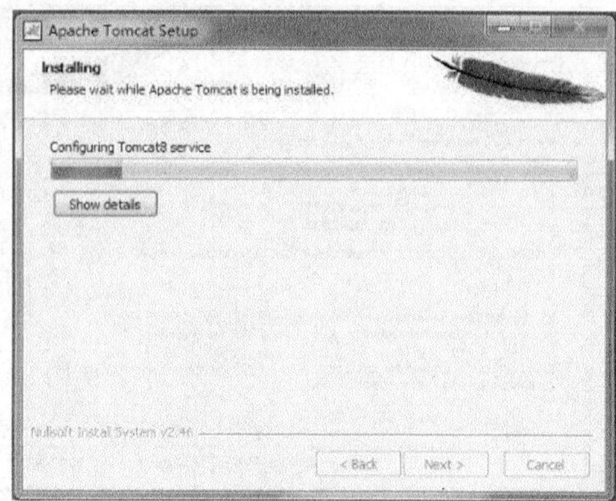

图 1-16

图 1-17

（5）单击“Finish”按钮，启动 Tomcat 服务。启动浏览器，在地址栏中输入“http://localhost:8080”或“http://127.0.0.1:8080”。要是出现 Tomcat 的页面，那么 Tomcat 安装配置正常，如图 1-18 和图 1-19 所示。

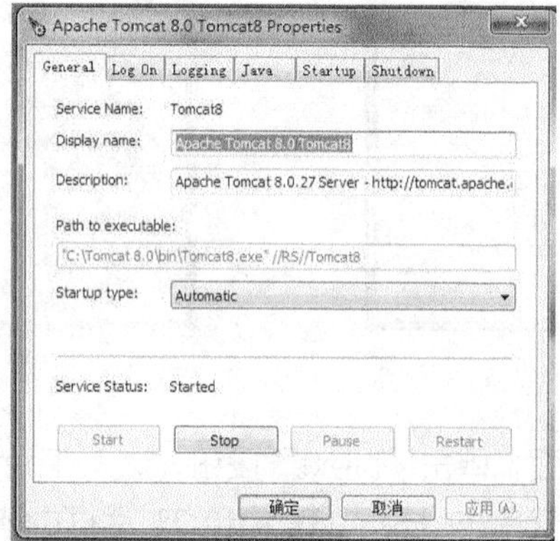

图 1-18

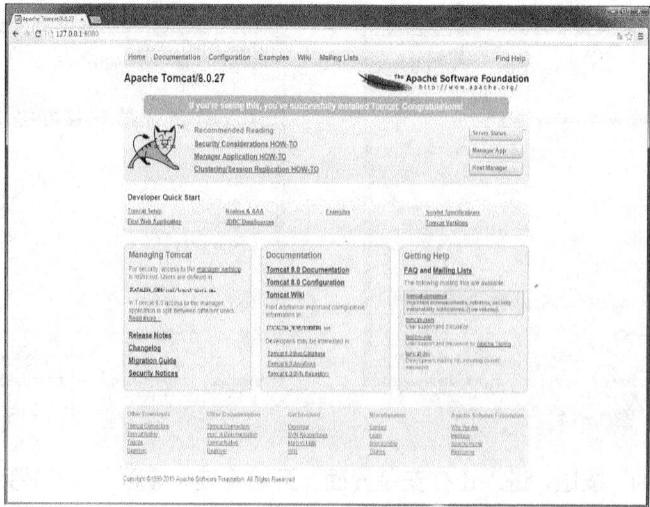

图 1-19

2. Tomcat 目录结构

Tomcat 服务安装成功后将会出现 7 个文件夹，如图 1-20 所示。

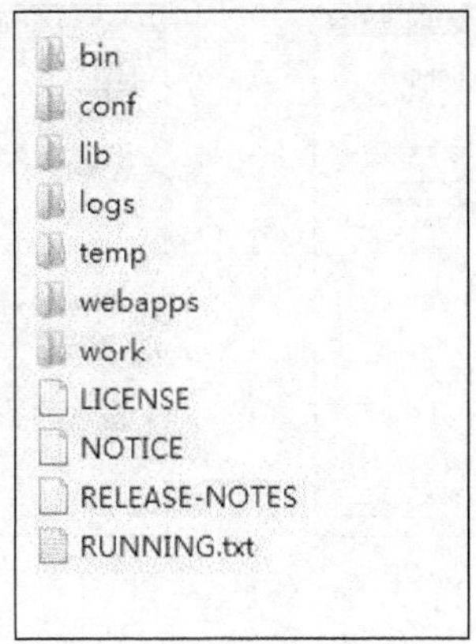

图 1-20

（1）bin 目录：存放启动、停止服务器的脚本文件。
（2）conf 目录：存放服务器的配置文件。
（3）lib 目录：存放服务器和所有 Web 应用程序都可以访问的 jar 包文件。
（4）logs 目录：存放服务器的日志文件。
（5）temp 目录：存放 Tomcat 运行时的临时文件。
（6）webapps 目录：Tomcat 默认的 Web 应用的发布目录。
（7）work 目录：默认情况下存放编译 JSP 文件后生成的 servlet 类文件。

提示 **Tomcat 默认占用 8080 端口，如果该端口已经被占用，服务器就无法正常启动。端口可以在安装过程中或者在 conf 目录下的 servlet.xml 配置文件中进行修改。**

（三）IntelliJ IDEA 的安装

微课：安装 IDEA

IntelliJ IDEA 集成开发环境（以下简称 IDEA）是 JetBrains 公司的产品，是 Java 编程开发的集成环境。IDEA 在业界被公认为最好的 Java 开发工具之一，尤其在智能代码助手、代码自动提示、重构、J2EE 支持、EJB 支持、各类版本工具、JUnit、CVS 整合、代码分析、创新的 GUI 设计等方面的功能可以说是超常的。

本书使用 IntelliJ IDEA 2018 集成开发环境实现开发。可以从 IDEA 官方网站中下载安装程序文件。

在安装 IDEA 之前，要先安装、配置好 JDK 和 Tomcat。

1. 安装 IDEA

（1）双击 IDEA 安装程序，弹出安装对话框，如图 1-21 所示。单击“Next”按钮，进入安装位置选择界面，指定安装路径，如图 1-22 所示。

（2）单击“Next”按钮，进入安装选项设置界面，设置选项，如图 1-23 所示。

（3）单击“Next”按钮，进入选择开始菜单界面，如图 1-24 所示。

（4）再单击“Install”按钮，系统进入自动安装状态。最后进入安装完成界面，单击“Finish”按钮，完成 IDEA 的安装。

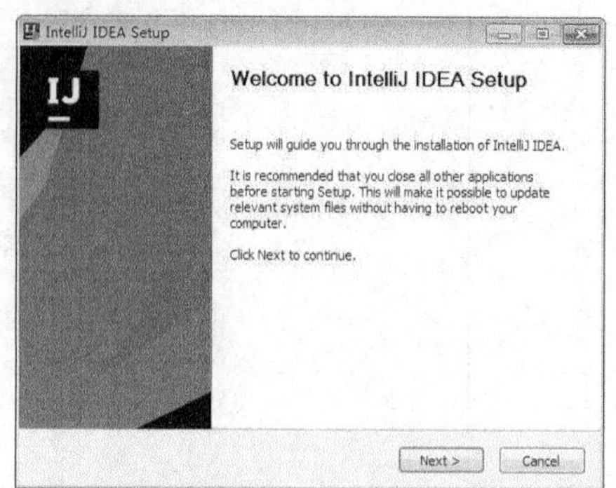

图 1-21

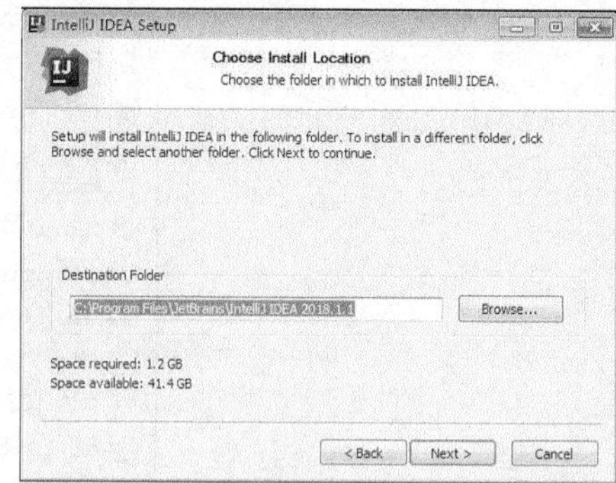

图 1-22

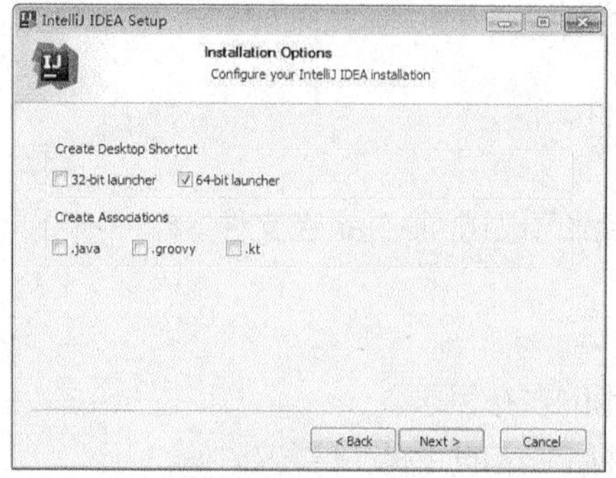

图 1-23

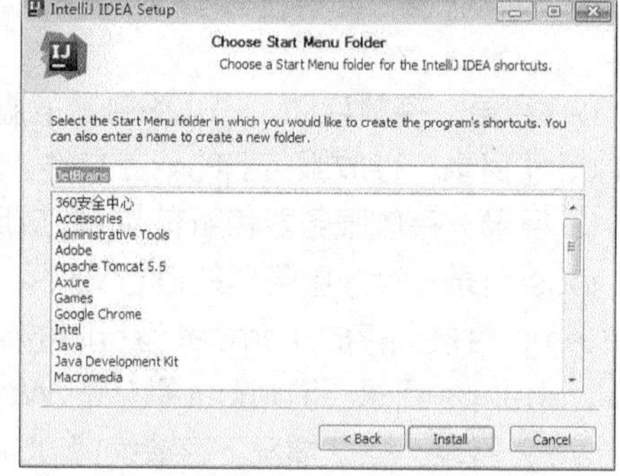

图 1-24

2. 启动 IDEA

首次启动 IDEA 时，需要进行官网的注册认证。

（1）双击 IDEA 程序的“开始”菜单项，启动程序，弹出导入 IDEA 设置对话框，如图 1-25 所示。单击“OK”按钮，进入用户使用协议界面，单击“Accept”按钮，如图 1-26 所示。

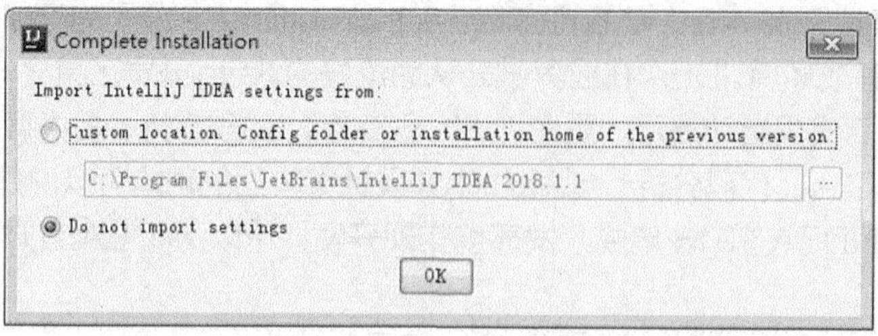

图 1-25

（2）进入用户注册码填写界面，选择注册方式，如图 1-27 所示。用户注册码可以通过官方网站申请获得。

（3）单击“OK”按钮，进入自定义 IDEA 界面，如图 1-28 和图 1-29 所示。根据需要，进行设置操作。

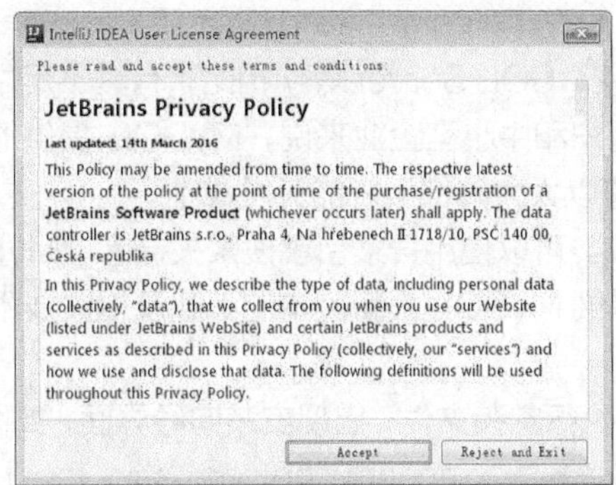

图 1-26

图 1-27

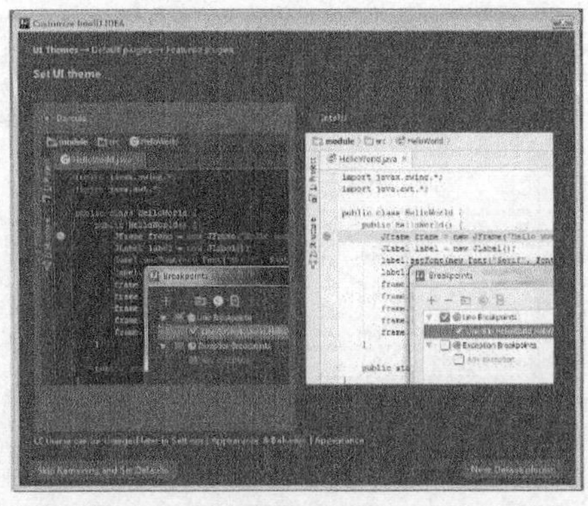

图 1-28

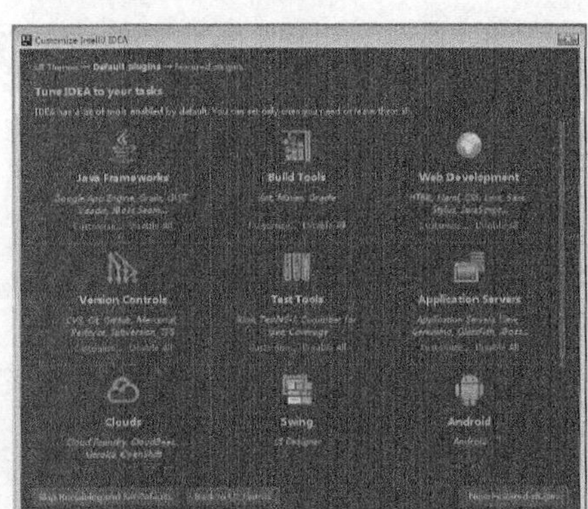

图 1-29

（4）最后进入 IDEA 使用界面，如图 1-30 和图 1-31 所示。

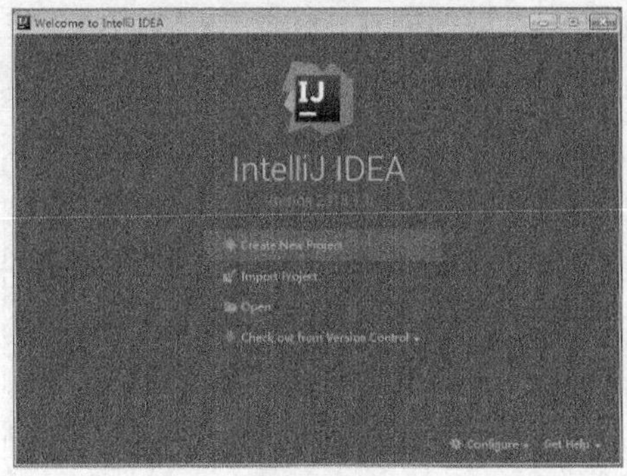

图 1-30

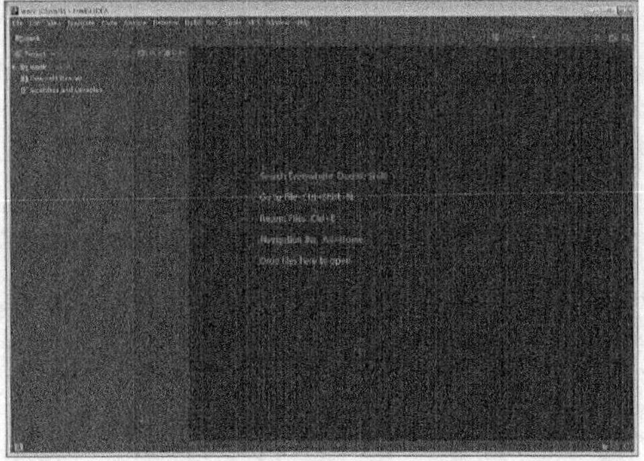

图 1-31

（四）MySQL 的安装和配置

微课：MySQL 的安装

在 Web 应用方面 MySQL 是最好的关系型数据库管理系统（Relational DataBase Management System，RDBMS）应用软件之一，目前属于 Oracle 公司。关系型数据库将数据保存在不同的表中，而不是将所有数据放在一个大数据仓库中，这样就提高了数据库的速度及灵活性。MySQL 是一个真正的多用户、多线程数据库。

MySQL 与其他关系型数据库（如 Oracle、DB2、SQL Server 等）相比，有其不足之处，但这丝毫没有减少其受欢迎的程度。对于一般的个人用户和中小型企业来说，MySQL 提供的功能已经绰绰有余。由于 MySQL 是开放源码软件，因此可以大大降低用户的开发成本。

MySQL 是开源项目，很多网站都提供免费下载。可以使用搜索引擎搜索关键字“MySQL 下载”来获取下载地址。MySQL 的官方网站，免费提供 MySQL 最新版本的下载及相关技术文章。

1. MySQL 的安装

（1）本书以 MySQL 5.5 版本的安装为例。双击执行安装文件，出现安装向导界面，如图 1-32 所示。单击“Next”按钮，出现图 1-33 所示的界面勾选“I accept the terms in the License Agreement”选项，单击“Next”按钮。

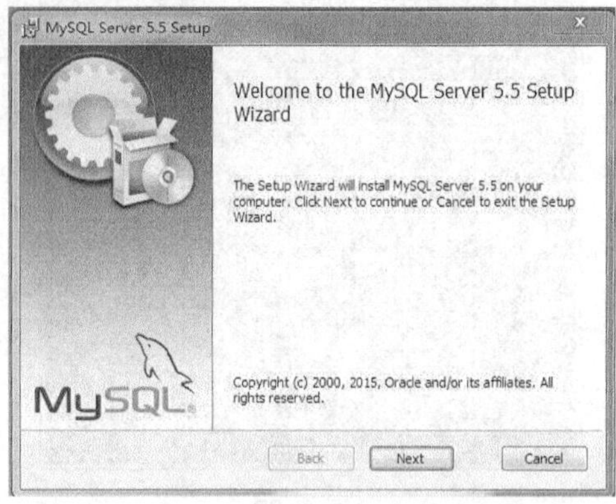

图 1-32

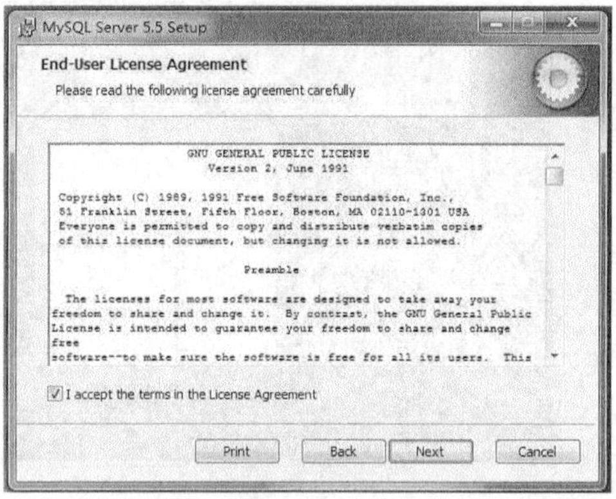

图 1-33

（2）进入选择安装类型界面。该界面中包括“Typical”（默认）、“Custom”（用户自定义）和“Complete”（完全）3 种安装模式。这里选择“Complete”安装模式，如图 1-34 所示。进入准备安装界面，单击“Install”按钮，开始安装，如图 1-35 所示。

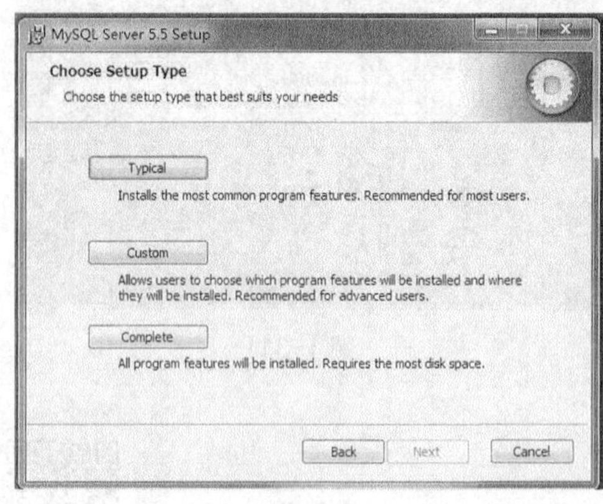

图 1-34

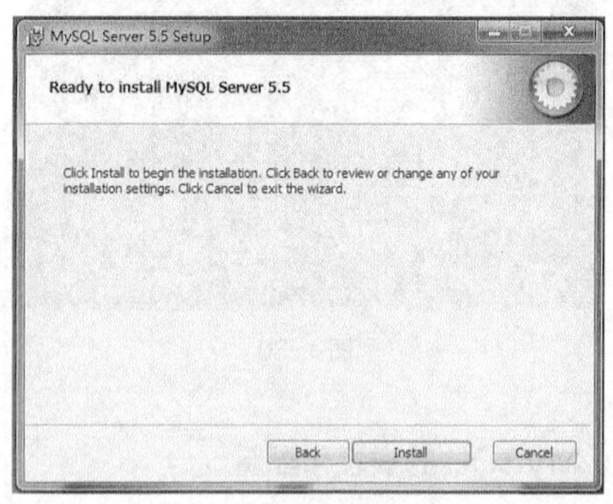

图 1-35

（3）在随后出现的界面中单击“Next”按钮，进入安装完成界面，如图 1-36 所示。勾选“Launch the MySQL Instance Configuration Wizard”选项，则可在单击“Finish”按钮后，进入 MySQL 配置向导界面，如图 1-37 所示。

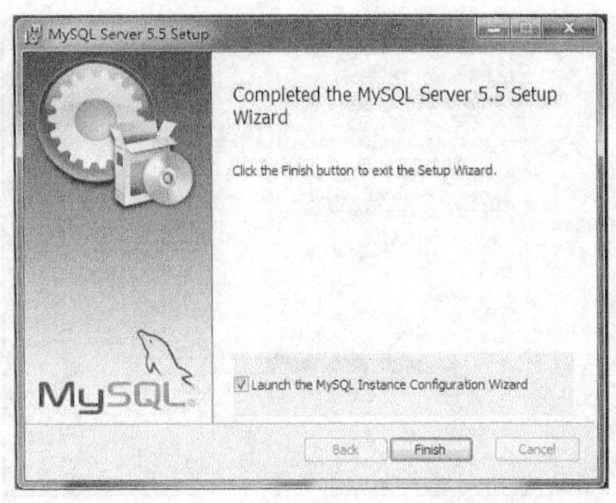

图 1-36

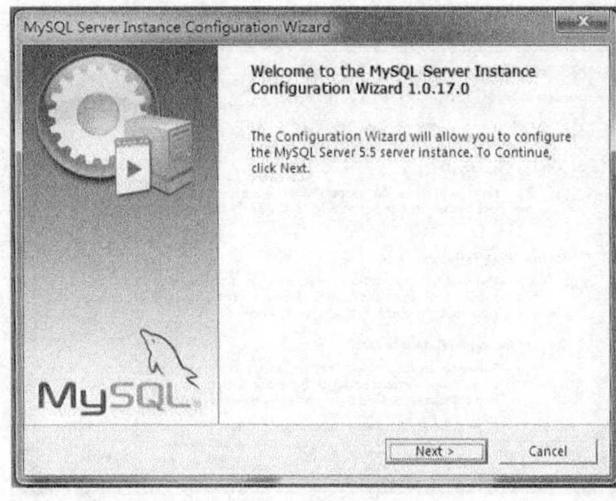

图 1-37

（4）单击“Next”按钮，进入选择配置方式界面，如图 1-38 所示。可供选择的配置方式包括“Detailed Configuration”（手动精确配置）和“Standard Configuration”（标准配置）两种。这里选择“Detailed Configuration”方式，单击“Next”按钮，即可进入选择服务类型界面，如图 1-39 所示。可以选择的服务类型包括“Developer Machine”（开发测试）、“Server Machine”（服务器）和“Dedicated MySQL Server Machine”（专门的数据库服务器）3 种。这里选择“Developer Machine”类型，单击“Next”按钮。

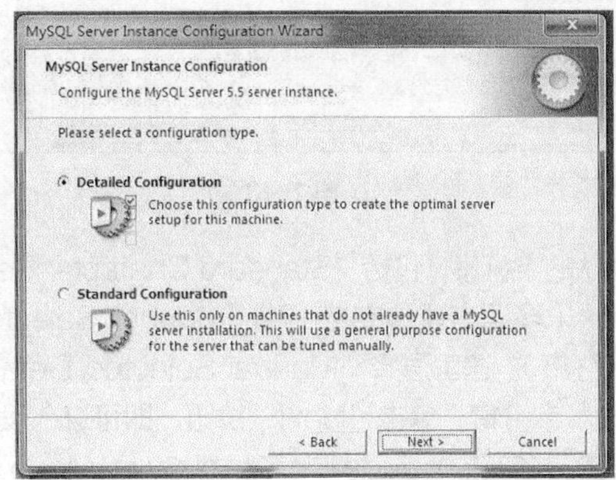

图 1-38

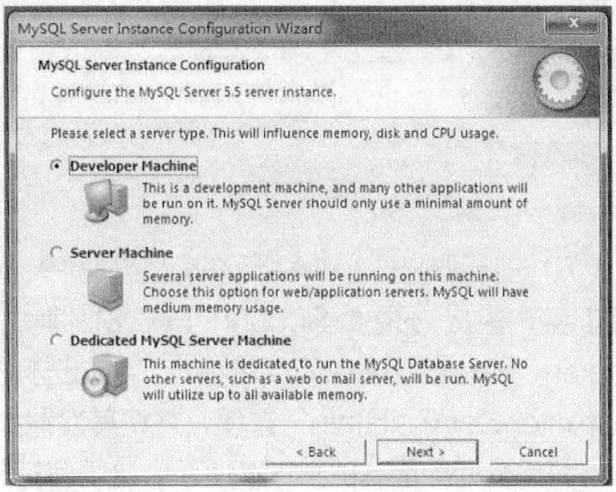

图 1-39

（5）在出现的图 1-40 所示的配置界面中，选择数据库的用途，包括“Multifunctional Database”（通用多功能型）、“Transactional Database Only”（事务处理型）和“Non-Transactional Database Only”（非事务处理型）3 种。这里选择“Multifunctional Database”，单击“Next”按钮，即可进入选择数据库文件存储空间界面，如图 1-41 所示。这里保持默认的存储位置，单击“Next”按钮。

（6）在出现的图 1-42 所示的配置界面中，进行 MySQL 的访问量和连接数的选择，包括“Decision Support（DSS）/OLAP”（联机分析处理）、“Online Transaction Processing（OLTP）”联机事务处理和“Manual Setting”（手动设置）3 个选项。这里选择“Manual Setting”选项，单击“Next”按钮，即可进入设置网络访问选项界面，如图 1-43 所示。这里勾选“Enable TCP/IP Networking”选项，启用远程访问 MySQL 功能，单击“Next”按钮。

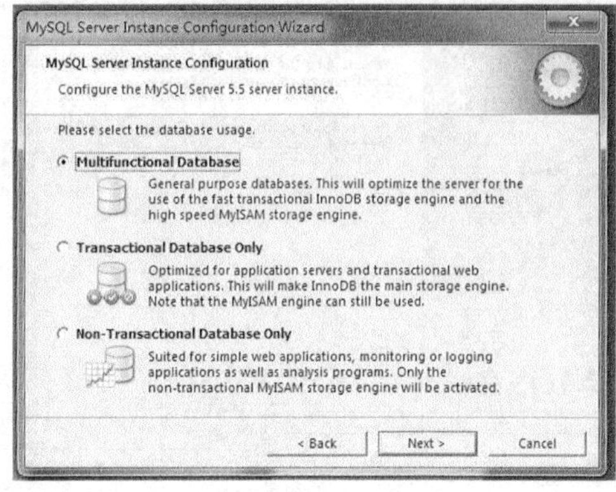

图 1-40

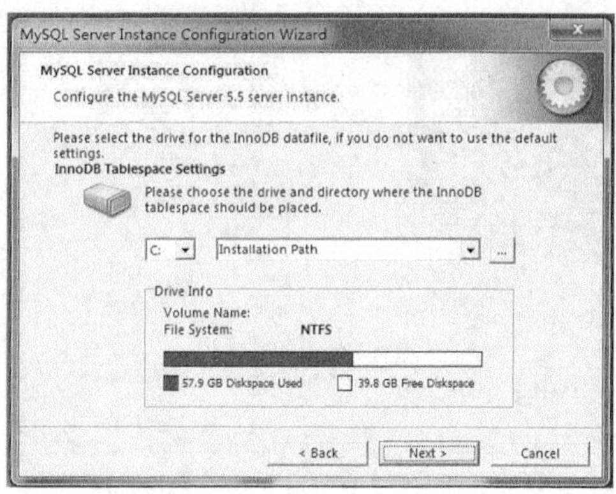

图 1-41

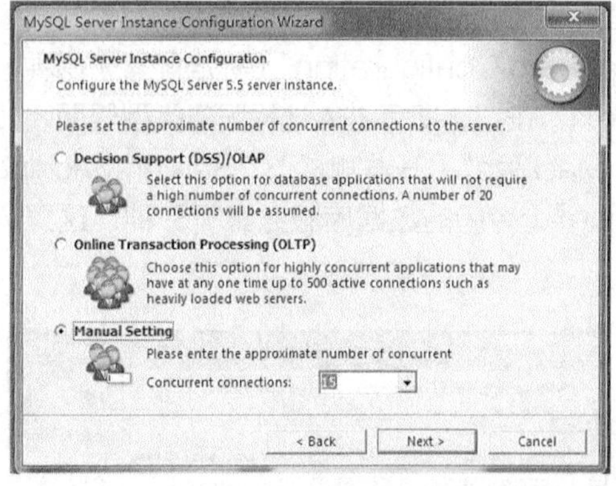

图 1-42

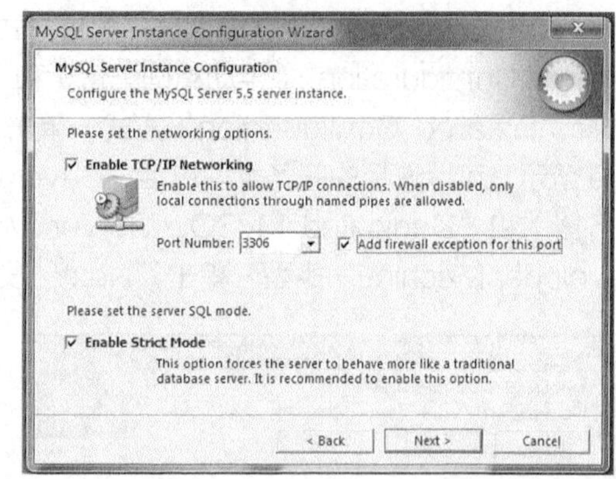

图 1-43

（7）在出现的图 1-44 所示的配置界面中，选择默认的字符集，包括“Standard Character Set”（标准字符集）、“Best Support For Multilingualism”（多语言最佳支持）和“Manual Selected Default Character Set/Collation”（手动选择默认字符集）。这里选择“Manual Selected Default Character Set/Collation”选项，并将其设置为“utf8”字符集，单击“Next”按钮，即可进入设置 Windows 选择界面，如图 1-45 所示。这里保持默认设置，并勾选“Include Bin Directory in Windows PATH”选项，将 MySQL 的 bin 目录加入 Windows 环境变量路径中，单击“Next”按钮。

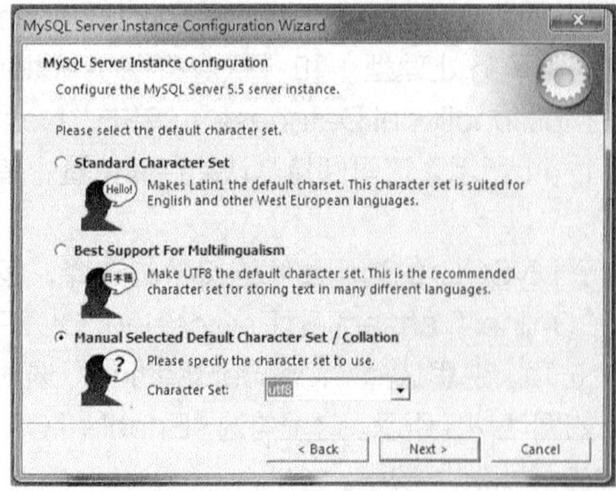

图 1-44

图 1-45

（8）在出现的图 1-46 所示的配置界面中，设置默认 root 用户（超级管理员）的密码，并勾选“Enable root access from remote machines”选项，启用 root 远程访问的功能。单击“Next”按钮，进入执行界面，单击“Execute”按钮，自动完成配置过程，如图 1-47 所示。

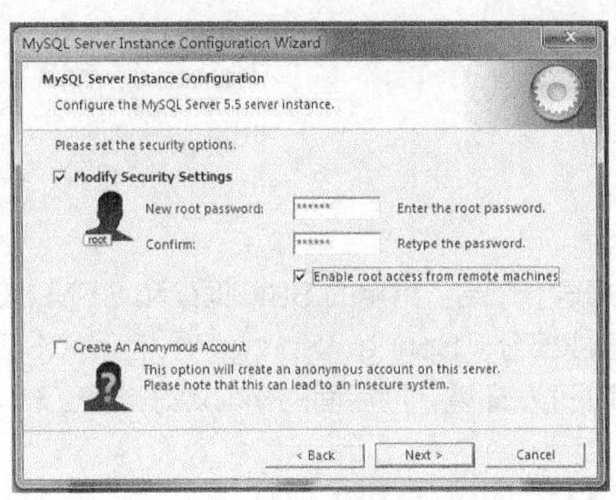

图 1-46

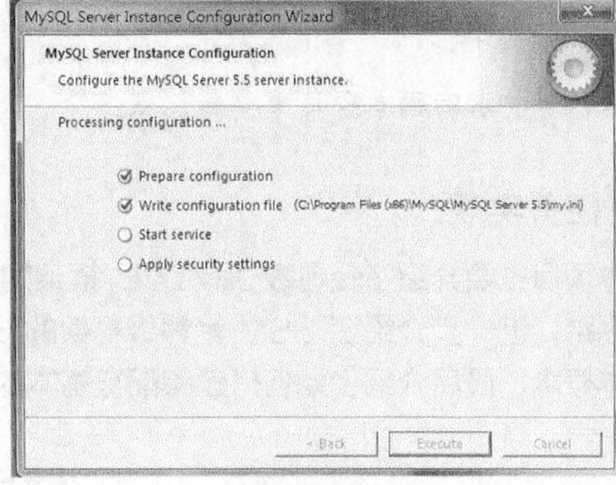

图 1-47

2. 安装成功验证

（1）打开命令行窗口，如图 1-48 所示。输入安装配置时所设置的 root 密码，并按回车键，结果如图 1-49 所示。

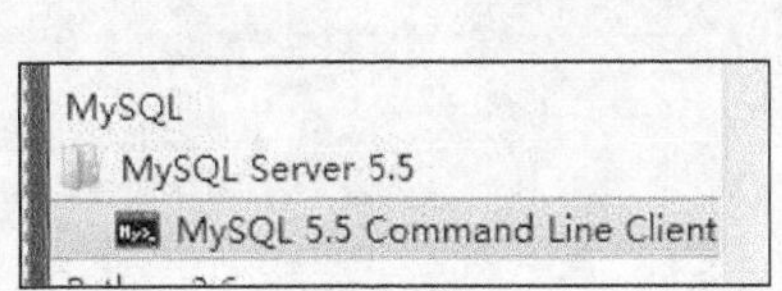

图 1-48

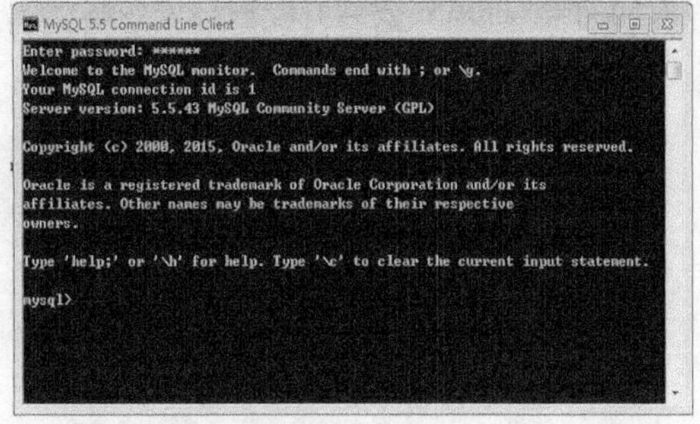

图 1-49

（2）输入显示所有数据库命令：“show databases;”，并按回车键，将显示 MySQL 系统默认的 4 个数据库，如图 1-50 所示。

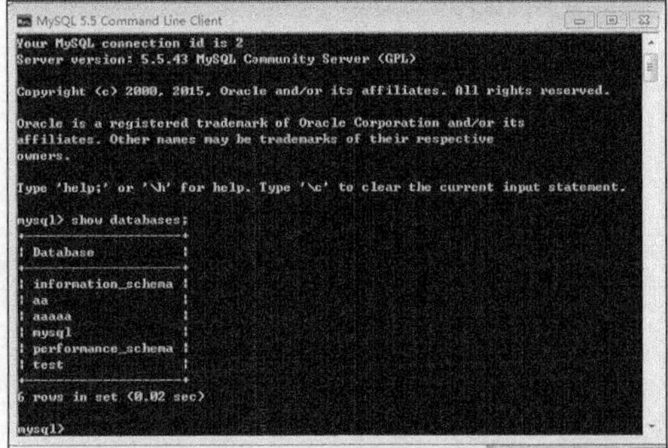

图 1-50

任务四 项目小结

任务要求

本任务要求回顾本项目重要知识点。

任务实现

本项目主要介绍了轻量级 Java EE 框架的基本概念，介绍了常用的 SSH 框架和 SSM 框架的主要区别；进一步介绍了 SSM 轻量级框架的 3 个组成部分：Spring、Spring MVC 和 MyBatis 的基本概念；最后介绍了如何搭建和配置基本的 SSM 开发环境，为后面的学习做好准备工作。

课后练习

1. 简答题

（1）简述轻量级 Java EE 常见的两种框架集合。

（2）简述 SSM 轻量级框架的主要组成部分。

2. 操作题

（1）下载 JDK，安装并配置环境变量。

（2）下载并安装 Tomcat 服务器。

（3）下载 IDEA，安装并完成配置。

（4）下载 MySQL，安装并完成配置。

项目二

JavaScript 脚本语言和 Ajax 技术

JavaScript 是一门跨平台、面向对象的脚本语言，也是世界上流行的脚本语言，能够让网页具有交互性。Ajax 作为 JavaScript 中一种主流的异步处理技术，能够在无须重新加载整个网页的情况下更新网页部分信息。

课堂学习目标

- 掌握 JavaScript 的基本语法知识
- 掌握 JavaScript 的常用对象和事件处理机制
- 掌握 Ajax 技术

任务一 JavaScript 概述

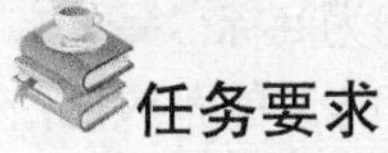

任务要求

本任务要求了解 JavaScript 的发展历程，认识 JavaScript 与网页的关系。

任务实现

（一）JavaScript 的起源及发展

1. JavaScript 的起源

要了解 JavaScript，首先要回顾一下 JavaScript 的起源。1995 年，网景公司凭借其 Navigator 浏览器成为 Web 时代著名的第一代互联网公司。网景公司希望能在静态 HTML 页面上添加一些动态效果，一位名叫 Brendan Eich 的天才程序员只用了两周的时间便设计出了一种到现在仍继续火热的脚本语言——JavaScript。

2. JavaScript 与 Java 的关联

尽管名字中都有“Java”，但是 JavaScript 和 Java 之间并没有太大的关系。JavaScript 是运行在浏览器中的一种脚本语言，可以操作 HTML，提供了一种运行时改变 HTML 的方法；而 Java 则是一种通过解释方式来执行的编程语言。JavaScript 语言运行时由解释器直接执行，是一种按照顺序执行的过程语言，也可以理解为 JavaScript 是客户端（Client-Side）脚本语言，直接由浏览器解释执行。Java 源代码必须要编译成二进制的字节码文件（即后缀名为 class 的文件，计算机能够识别并运行 class 文件，即 Java 代码的运行步骤是源程序经过编译生成后缀名为 class 的文件），然后运行该文件，就能得到程序运行结果。

既然 JavaScript 与 Java 无关，那么为什么它们的名称如此相似呢？当时网景公司之所以将这种脚本语文命名为 JavaScript，是因为 Java 是当时最流行的编程语言，带有“Java”的名称有助于这门新语言的传播。

当网景公司在其 Navigator 浏览器中添加了一些基本脚本功能时，网景公司最初将这种脚本语言称为 LiveScript。与此同时，Java 开始大行其道，它被认为是计算机行业中下一项伟大的革新。当 Netscape 在 Navigator 2 中支持运行 Java applets 时，它也将 LiveScript 改名为 JavaScript，希望以此借用 Java 的声势。尽管 JavaScript 和 Java 是非常不同的编程语言，可是这一事实并没有阻止网景公司采用这种市场营销手段。

3．JavaScript 的发展

1996 年 8 月，微软公司模仿 JavaScript 开发了一种相近的语言，取名为 JScript（JavaScript 是网景公司的注册商标，微软公司不能用），并将其首先内置于 IE 3.0 中。网景公司面临着丧失浏览器脚本语言主导权的局面。

1996 年 11 月，网景公司决定将 JavaScript 提交给欧洲计算机制造联合会（European Computer Manufacturers Association，ECMA），希望 JavaScript 能够成为国际标准，以此抵抗微软公司。ECMA 的 39 号技术委员会（Technical Committee 39）负责制定和审核这个标准，成员由业内的大公司派出的工程师组成。

1997 年 7 月，ECMA 组织发布 262 号标准文件（ECMA-262）的第 1 版，规定了浏览器脚本语言的标准，并将这种语言称为 ECMAScript。这个版本就是 ECMAScript 1.0 版。它之所以不叫 JavaScript，一方面是因为商标的关系，Java 是 Sun 公司的商标，根据一份授权协议，只有网景公司可以合法地使用 JavaScript 这个名字，且 JavaScript 已经被网景公司注册为商标；另一方面也是想体现这门语言的制定者是 ECMA，而不是网景公司，这样有利于保证这门语言的开放性和中立性。所以，ECMAScript 和 JavaScript 的关系是，前者是后者的规格，后者是前者的一种实现，ECMAScript 只用来标准化 JavaScript 这种语言的基本语法结构。在日常场合，这两个词是可以互换的。

此后，每隔几年专家委员会就对 ECMAScript 进行升级，不断完善浏览器脚本语言的标准。从 2015 年 6 月至 2018 年 6 月，每一年都会发布最新版的 ECMAScript 标准。目前，最新版为 2018 年 6 月发布的 ECMAScript 2018。

（二）JavaScript 可以做什么

JavaScript 是一种可以给网页增加交互性的编程语言。用 JavaScript 可以做许多事情，使网页更具交互性，给站点的用户提供更友好、更令人兴奋的体验。JavaScript 可以创建活跃的用户界面，使用户在浏览界面时及时向他们提供反馈。例如，我们在使用百度查询时，已单击过的关键字条目颜色会变淡，未单击过的条目仍然是蓝色。这种明显区别就为用户减少了重复浏览的情况，节省了时间。

还可以使用 JavaScript 来确保用户以表单形式输入有效的信息，这可以节省用户的业务时间和开支。如果表单需要进行计算，也可以在用户机器上用 JavaScript 来完成，而不需要通过任何服务器端来处理。常见的一种区分程序的方式：在用户机器上运行的程序称为客户端程序，在服务器上运行的程序称为服务器端程序。

使用 JavaScript，根据用户的操作可以创建自定义的 Web 页面。假设我们正在运行一个旅行指南站点，单击“北京”作为旅游目的地，就可以在一个新窗口中显示最新的北京旅游指南。JavaScript 可以控制浏览器，打开的新窗口、弹出的警告框及浏览器窗口的状态栏中会显示自定义的消息。JavaScript 还可以利用它的日期和时间特性，可以生成时钟、日历和时间戳文档。

JavaScript 还可以处理表单、设置 cookie、即时构建 HTML 页面及创建基于 Web 的应用程序。

（三）JavaScript 不可以做什么

JavaScript 是一种客户端语言。也就是说，设计它的目的是在用户的机器上而不是服务器上执行任务。因此，JavaScript 有一些固有的限制，这些限制主要出于以下几点安全原因。

（1）JavaScript 不允许写服务器上的文件。尽管写服务器上的文件在许多方面是很方便的（如存储页面单击数或用户填写的表单数据），可是 JavaScript 不允许这么做，而是需要用服务器上的一个程序处理和存储这些数据，这个程序可以是用 Java、Perl 或 PHP 等语言编写的。

（2）JavaScript 不能关闭不是由它自己打开的窗口。这是为了避免一个站点关闭其他站点的窗口，从而独占浏览器。

（3）JavaScript 不能从来自另一个服务器的已经打开的网页中读取信息。换句话说，网页不能读取已经打开的其他窗口中的信息，因此无法探察访问这个站点的冲浪者还在访问其他哪些站点。

任务二　JavaScript 的基本语法

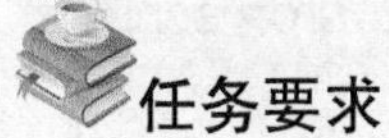

任务要求

本任务要求了解 JavaScript 的关键字和数据类型，掌握 JavaScript 变量、运算符和流程控制的使用。

任务实现

（一）<script>标签

JavaScript 的语法和 Java 语言的语法类似，每个语句以分号结束，代码块用大括号括起来。但 JavaScript 并不强制要求在每个语句的结尾加分号，浏览器中负责执行 JavaScript 代码的引擎会自动在每个语句的结尾补上。

佩课：<script>标签

JavaScript 程序可以使用<script>标签插入 HTML 的任何地方，<script>标签中包裹了 JavaScript 代码，当浏览器遇到<script>标签时，代码会自动运行。

【例 2-1】　使用<script>标签插入 JavaScript 代码。

```
<!DOCTYPE HTML>
<html>
<body>
      <p>script 标签之前...</p>
      <script>
         alert('Hello, world!');
```

```
        </script>
        <p>...script 标签之后</p>
</body>
</html>
```

本例是在 HTML 页面的<body>标签中加入了 JavaScript 代码，当浏览器遇到<script>标签时，会自动弹出内容为“Hello, world!”的弹框。如果有大量的 JavaScript 代码，通常就将它放入一个单独的文件。脚本文件可以通过 src 属性添加到 HTML 文件中。

【例 2-2】 使用 src 属性插入 JavaScript 代码。

HTML 文件内容如下。

```
<!DOCTYPE HTML>
<html>
<body>
        <p>script 标签之前...</p>
        <script type="text/javascript" src="/path/to/script.js "></script>
        <p>...script 标签之后</p>
</body>
</html>
```

script.js 文件内容如下。

```
alert('Hello, world!');
```

通常，在 HTML 文件中每一种标签都有相关属性，<script>标签也不例外。目前，<script>标签中有一些属性也很少用到了。例如，type 属性<script type=…>和 language 属性<script language=…>。HTML4 标准中，<script>标签有 type 属性。通常是 type="text/javascript"。现在的 HTML 标准已经默认存在该 type 属性。该属性不是必需的。language 属性是为了显示脚本使用的语言。就目前而言，这个属性没有任何意义，语言默认为 JavaScript，不再需要使用该属性。

<acript>标签的 src 属性用来指定脚本文件的路径。【例 2-2】中，/path/to/script.js 是脚本文件的绝对路径（从站点根目录开始）。也可以提供相对于当前页面的相对路径。例如，src="script.js" 的意思是来自当前文件夹的 "script.js" 文件。

如果附加多个脚本，就使用多个标签，示例代码如下所示。

```
<script src="/js/script1.js"></script>
<script src="/js/script2.js"></script>
<script src="/js/script3.js"></script>
...
```

将脚本程序放到单独文件的好处是浏览器会下载此文件，然后将它保存到浏览器的缓存中。之后，其他页面想要相同的脚本就会从缓存中获取，而不是下载它，所以文件实际上只会下载一次。这不仅可以节省流量，而且使得页面的运行速度更快。

（二）变量

变量是对“值”的具名引用。变量就是为“值”起名，然后引用这个名字，这就等同于引用这个值。变量的名字就是变量名。

【例 2-3】 变量的使用。

```
var a = 1;

var b;
b = 1;

var c;
```

```
c // undefined

var a, b;
```

上面的代码先声明变量 a，然后在变量 a 与数值 1 之间建立引用关系，称为将数值 1 赋值给变量 a。以后，引用变量名 a 就会得到数值 1。最前面的 var 是变量声明命令，它表示通知解释引擎，要创建一个变量 a。注意，JavaScript 的变量名区分大小写，A 和 a 是两个不同的变量。当然，变量的声明和赋值也可以是分开的两个步骤，如【例 2-3】中的变量 b 所示。

如果只是声明变量而没有赋值，该变量的值就是 Undefined，如【例 2-3】中的变量 c 所示。Undefined 是一个特殊的值，表示“无定义”。

如果变量赋值的时候，忘了写 var 命令，语句就是有效的。但是，不写 var 的做法，不利于表达语句意图，而且容易不知不觉地创建全局变量，所以建议总是使用 var 命令声明变量。var 命令也可以在同一条语句中声明多个变量。

（三）关键字和标识符

标识符（Identifier）指的是用来识别各种值的合法名称。最常见的标识符就是变量名，以及后面要提到的函数名。JavaScript 语言的标识符对字母大小写敏感，所以 a 和 A 是两个不同的标识符。标识符有一套命名规则，不符合规则的标识符就是非法标识符。JavaScript 引擎遇到非法标识符会报错。

简单说，标识符的命名规则如下。

（1）第一个字符可以是任意 Unicode 字母（包括英文字母和其他语言的字母），以及美元符号（$）和下画线（_）。

（2）第二个字符及后面的字符，除了 Unicode 字母、美元符号和下画线，还可以用数字 0~9。

例如，arg0、_tmp、$elem、π 都是合法的标识符，而 1a、23、***、-d 等是非法的标识符。

此外，JavaScript 有一些关键字和保留字也不能用作标识符。关键字是在 JavaScript 中已经被规定为具有特殊功能的字，如用于表示控制语句的开始或结束等。保留字在当前尚未被语言规定为具有特殊功能，但是在将来很有可能会成为关键字。JavaScript 中的关键字和保留字如图 2-1 所示。“*”标记的关键字是 ECMAScript 5 中新添加的。

abstract	arguments	boolean	break	byte
case	catch	char	class*	const
continue	debugger	default	delete	do
double	else	enum*	eval	export*
extends*	false	final	finally	float
for	function	goto	if	implements
import*	in	instanceof	int	interface
let	long	native	new	null
package	private	protected	public	return
short	static	super*	switch	synchronized
this	throw	throws	transient	true
try	typeof	var	void	volatile
while	with	yield		

图 2-1

（四）数据类型

JavaScript 中的变量可以保存任何数据。

【例 2-4】　变量的动态数据类型。

```
// 没有错误
var message = "hello";
message = 123456;
```

如【例 2-4】所示，变量 message 最初赋值为字符串，之后又赋值为数字，message 就从字符串类型变为数字类型。允许这种操作的编程语言称为“动态类型”（Dynamically Typed）的编程语言，意思是，变量拥有数据类型，但是变量并不限于数据类型中的任何一个。

JavaScript 中常用的基本类型有数字（Number）类型、字符串（String）类型、布尔（Boolean）类型、空值（Null）类型、未定义（Undefined）类型，常用的引用数据类型有对象（Object）类型、数组（Array）类型。

1. 数字类型

JavaScript 只有一种数字类型。数字可以带小数点，也可以不带。极大或极小的数字可以通过科学（指数）计数法来书写。

```
var a1=12.00;      //使用小数点来写
var a2=12;         //不使用小数点来写
var b1=123e4;      //1230000
var b2=123e-4;     //0.0123
```

2. 字符串类型

JavaScript 中的字符串必须被包含在引号里面，可以是单引号，也可以是双引号。

```
var str1 = "Hello";
var str2 = 'Hello';
```

3. 布尔类型

布尔类型数据只能有两个值：true 或 false，通常在条件测试中使用。

```
var x=true;
var y=false;
```

4. 数组类型

下面的代码使用了 3 种方式创建名为 cars 的数组。

```
//第 1 种
var cars=new Array();
cars[0]="Saab";
cars[1]="Volvo";
cars[2]="BMW";
//第 2 种
var cars=new Array("Saab","Volvo","BMW");
//第 3 种
var cars=["Saab","Volvo","BMW"];
```

5. 对象类型

对象类型数据由大括号分隔。在括号内部，对象的属性以名称和值对的形式(name : value)来定义。属性由逗号分隔。

```
var person={firstname:"Bill", lastname:"John", id:5566};
```

上面例子中的对象“person”有 3 个属性：firstname、lastname 及 id。空格和折行无关紧要。声明可横跨多行。

```
var person={
```

```
firstname : "John",
lastname  : "Doe",
id        :  5566
};
```

对象属性有以下 2 种访问方式。

```
name=person.lastname;
name=person["lastname"];
```

6. Undefined 和 Null 类型

Undefined 类型数据表示变量不含有值或未定义，可以通过将变量的值设置为 Null 来清空变量。例如如下所示代码。

```
cars=null;
person=null;
```

（五）条件控制

在 JavaScript 中，我们可使用以下条件语句，具体的语法与 C 语言或 Java 中条件语句语法一致，无须赘述。

（1）if 语句：当指定条件为 true 时，使用该语句来执行代码。

（2）if...else 语句：当条件为 true 时执行代码，当条件为 false 时执行其他代码。

（3）switch 语句：使用该语句选择多个代码块之一来执行。

（4）switch...case...语句：使用该语句选择与变量值相对应的某个分支代码来执行。

（六）循环控制

在 JavaScript 中，我们可使用以下循环语句，具体的语法与 C 语言或 Java 中循环语句语法一致，无须赘述。

（1）for 语句：循环代码块一定的次数。

（2）while 语句：当指定的条件为 true 时循环指定的代码块。

（3）do...while 语句：do/while 循环是 while 循环的变体。该循环会在检查条件是否为 true 之前执行一次代码块，然后如果条件为 true 的话，就会重复这个循环。

（七）中断控制

JavaScript 中也使用 break 语句和 continue 语句控制中断，具体的方法与 C 语言或 Java 语言中中断控制语句语法一致。

（1）break 语句：用于跳出循环。

（2）continue 语句：用于跳过循环中的一个迭代。

任务三 JavaScript 函数

任务要求

本任务要求了解 JavaScript 的函数定义和调用方式。

任务实现

（一）函数的声明

JavaScript 有 3 种声明函数的方法。

1. function 命令

function 命令声明的代码块就是一个函数。function 命令后面是函数名，函数名后面是一对小括号，里面是输入函数的参数。函数体放在大括号里面。下面的代码命名了一个 print 函数，以后使用 print()这种形式，就可以调用相应的代码。这称为函数的定义或声明。

```
function print(s) {
  console.log(s);
}
```

2. 函数表达式

除了用 function 命令声明函数以外，还可以采用变量赋值的写法，这种写法将一个匿名函数赋值给变量。这时，这个匿名函数又称为函数表达式（Function Expression），因为赋值语句的等号右侧只能放表达式。采用函数表达式声明函数时，function 命令后面不带有函数名。如果 function 命令后边加上函数名，该函数名只在函数体内部有效，在函数体外部无效。

```
var print = function(s) {
  console.log(s);
};
```

需要注意的是，函数表达式需要在语句的结尾加上分号，表示语句结束。而 function 命令在结尾的大括号后面不用加分号。总的来说，这 2 种声明函数的方式差别很细微，可以近似认为是等价的。

3. Function 构造函数

Function 构造函数接受 3 个参数，除了最后一个参数是函数的函数体外，其他参数都是函数的参数。我们可以传递任意数量的参数给 Function 构造函数，只有最后一个参数会被当成函数体，如果只有一个参数，该参数就是函数体。

【例 2-5】　构造函数。

```
var add = new Function(
  'x',
  'y',
  'return x + y'
);
// 等同于
function add(x, y) {
  return x + y;
}
```

（二）函数的调用

在调用函数时，我们可以向其传递值，这些值被称为参数，参数可以在函数中使用。可以发送任意数量的参数（参数的数量没有限制），参数之间由逗号分隔。变量和参数必须以一致的顺序出现。第一个变量就是第一个被传递的参数的给定值，依次类推。

使用 return 语句可以实现将函数后值返回到调用该函数的位置。在使用 return 语句时，函数会停止执行，并返回指定的值。

```
function myFunction()
{
    var x=5;
    return x;
}
var myVar=myFunction();
```

上面的函数 myFunction()会返回值 5，函数调用将被返回值取代，myVar 变量的值将变为 5，也就是函数 myFunction()所返回的值。

【例 2-6】　函数调用。

```
<!DOCTYPE html>
<html>
    <body>
    <h2>JavaScript 函数</h2>
    <p>本例调用了一个执行计算的函数，然后返回结果：</p>
    <p id="demo"></p>
    <script>
        var x = myFunction(7, 8);
        document.getElementById("demo").innerHTML = x;
        function myFunction(a, b) {
            return a * b;
        }
     </script>
</body>
</html>
```

本例中 myFunction()函数的作用是计算两个数的乘积，并返回结果。特别需要注意的是，它的声明位置位于调用位置的下方。

（三）函数变量的生命周期

JavaScript 函数有两种变量类型。

1. 局部 JavaScript 变量

在 JavaScript 函数内部声明的变量（使用 var 声明的变量）是局部变量，所以只能在函数内部访问它（该变量的作用域是局部的）。可以在不同的函数中使用名称相同的局部变量，因为只有声明过该变量的函数才能识别出该变量。只要函数运行完毕，本地变量就会被删除。

2. 全局 JavaScript 变量

在函数外声明的变量是全局变量，网页上的所有脚本和函数都能访问它。全局变量会在页面关闭后被删除。

任务四　JavaScript 事件

任务要求

本任务要求了解 JavaScript 中的常用事件，掌握事件处理程序的编写。

任务实现

（一）JavaScript 中的常用事件

事件是发生在 HTML 元素上的事情。当在 HTML 页面中使用 JavaScript 时，JavaScript 可以触发这些事件。常用的 HTML 事件有鼠标事件、键盘事件、表单事件和框架/对象事件 4 种类型，如表 2-1～表 2-4 所示。

表 2-1　鼠标常用事件集合

属性	描述
onclick	当用户单击某个对象时调用的事件
ondblclick	当用户双击某个对象时调用的事件
onmousedown	鼠标按键被按下时调用的事件
onmouseup	鼠标按键被松开时调用的事件
onmouseover	当鼠标指针从某元素上移开时调用的事件
onmouseenter	当鼠标指针移动到某元素上时调用的事件
onmouseleave	当鼠标指针移出某元素时调用的事件

表 2-2　键盘常用事件集合

属性	描述
onkeydown	某个键盘按键被按下时调用的事件
onkeypress	某个键盘按键被按下并松开时调用的事件
onkeyup	某个键盘按键被松开时调用的事件

表 2-3　表单常用事件集合

属性	描述
onblur	元素失去焦点时调用的事件
onchange	在表单元素的内容改变时调用的事件
onfocus	元素获取焦点时调用的事件
oninput	元素获取用户输入时调用的事件
onsubmit	表单提交时调用的事件

表 2-4　框架/对象常用事件集合

属性	描述
onload	一个页面或一幅图像完成加载时调用的事件
onscroll	上下拉动页面滚动条时所调用的事件
onresize	窗口或框架被重新调整大小时调用的事件
onerror	在加载文档或图像发生错误时调用的事件
onunload	用户退出页面时调用的事件

（二）事件处理程序的调用

微课：onclick 事件

事件由浏览器的事件模型进行处理，通过监听函数（Listener）对事件做出反应。事件发生后，浏览器监听到了这个事件，就会执行对应的监听函数。这是事件驱动编程模式（Event-driven）的主要编程方式。事件的处理过程一般分为 3 个阶段：捕获阶段、目标阶段和冒泡阶段。捕获阶段的主要作用是捕获截取事件。目标阶段的主要作用是执行绑定事件。冒泡阶段的主要作用是将目标元素绑定事件执行的结果返回给浏览器。

HTML 允许在元素的属性中直接定义某些事件的监听代码。

【例 2-7】 事件处理案例，效果如图 2-2 和图 2-3 所示。

图 2-2

现在的时间是?
Sun Jul 07 2019 10:05:46 GMT+0800 (中国标准时间)

图 2-3

获取时间的源代码如下。其中事件填在 button 元素的 onclick 事件属性上，当单击按钮时就会触发 onclick 事件，执行事件里的 JavaScript 代码。

```
<!DOCTYPE html>
<html>
<body>
<button onclick="getElementById('demo').innerHTML=Date()">现在的时间是?</button>
<p id="demo"></p>
</body>
</html>
```

元素的事件监听属性都是“on”加上事件名，如 onload 就是 on + load，表示加载事件的监听代码；onclick 就是 on +click，表示单击事件的监听代码。一旦指定的事件发生，on-属性对应的值会被作为参数输入 JavaScript 引擎并执行。因此，如果 on-属性对应的值中包含函数，就不要忘记在函数名后面加上一对小括号。

任务五 常用对象

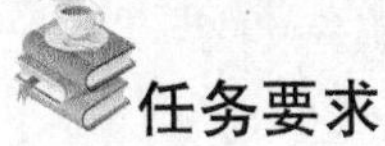

任务要求

本任务要求了解 JavaScript 的常用对象及其属性，熟练调用对象的常用方法。

任务实现

（一）标准库

微课：String 对象

同 Java 一样，JavaScript 为给广大开发者提供方便，将开发中常用的属性和方法封装成了对象。本任务着重讲解 3 个使用频率较高的对象：String 对象、Date 对象和 RegExp 对象。

1. String 对象

String 对象是 JavaScript 原生提供的 3 个封装对象之一，用来生成字符串类型对象。

【例 2-8】 String 对象。

```
var s1 = 'abc';
var s2 = new String('abc');

typeof s1 // "string"
typeof s2 // "object"

s2.valueOf() // "abc"
```

上面的代码中，变量 s1 是字符串，s2 是对象。由于 s2 是 String 对象，s2.valueOf 方法返回的就是它所对应的原始字符串。String 对象是一个类似数组的对象（很像数组，但不是数组）。字符串'abc'对应的 String 对象有数值键（0、1、2）和 length 属性，所以可以像数组那样取值。

```
new String('abc')       // String {0: "a", 1: "b", 2: "c", length: 3}
(new String('abc'))[1]  // "b"
```

String 对象常用的方法如表 2-5 所示。

表 2-5 String 对象常用的属性和方法集合

方法/属性	描述
length	length 属性返回字符串的长度
charAt()	charAt()方法返回指定位置的字符，参数是从 0 开始编号的位置
concat()	连接两个字符串，返回一个新字符串，不改变原字符串
slice()	从原字符串中取出子字符串并返回，不改变原字符串（参数不可为负数）
substring()	从原字符串中取出子字符串并返回，不改变原字符串
indexOf()	确定一个字符串在另一个字符串中第一次出现的位置
trim()	去除字符串两端的空格，返回一个新字符串，不改变原字符串

2. Date 对象

Date 对象是 JavaScript 原生的时间库。它以国际标准时间（Universal Time Coordinated, UTC）1970 年 1 月 1 日 00:00:00 作为时间的零点，可以表示的时间范围是前后各 1 亿天（单位为毫秒）。Date 对象可以接受多种格式的参数，返回一个该参数对应的时间实例。

```
// 参数为时间零点开始计算的毫秒数
new Date(1378218728000)
// Tue Sep 03 2013 22:32:08 GMT+0800 (CST)

// 参数为日期字符串
new Date('January 6, 2013');
// Sun Jan 06 2013 00:00:00 GMT+0800 (CST)

// 参数为多个整数
// 代表年、月、日、小时、分钟、秒、毫秒
new Date(2013, 0, 1, 0, 0, 0, 0)
// Tue Jan 01 2013 00:00:00 GMT+0800 (CST)
```

Date 对象的常用方法如表 2-6 所示。

表 2-6　Date 对象的常用方法集合

方法/属性	描述
now()	返回当前时间距离时间零点的毫秒数
parse()	解析日期字符串，返回该时间距离时间零点的毫秒数
toLocaleString()	返回完整的本地时间
get*()	用来获取实例对象某个方面的值，如年、月、日、时、分、秒
set *()	用来设置实例对象的各个方面，如年、月、日、时、分、秒

3. RegExp 对象

正则表达式（Regular Expression，RegExp）是一种表达文本模式（即字符串结构）的方法，有点像字符串的模板，常常用来按照给定模式匹配文本。例如，RegExp 对象给出一个 E-mail 地址的模式，然后用它来确定一个字符串是否为 E-mail 地址。这一对象在表单验证中经常使用。

JavaScript 创建一个 RegExp 对象有两种方式：第一种方式是直接通过“正则表达式”写出来；第二种方式是通过 new RegExp（'正则表达式'）创建一个 RegExp 对象。

RegExp 对象的常用方法如表 2-7 所示。

表 2-7　RegExp 对象的常用方法集合

方法/属性	描述
match()	返回一个数组，成员是所有匹配的子字符串
search()	按照给定 RegExp 对象进行搜索，返回一个整数，表示匹配开始的位置
replace()	按照给定 RegExp 对象进行替换，返回替换后的字符串
split()	按照给定规则进行字符串分割，返回一个数组，包含分割后的各个成员

（二）浏览器对象

JavaScript 中的浏览器对象共有 7 种，常用的有 HTML Document 对象和 window 对象。

1. HTML Document 对象

HTML Document 对象是可被 JavaScript 操作的网页中的所有元素。图 2-4 所示是 HTML Document 对象结构图。当网页被加载时，浏览器会创建页面的文档对象模型（Document Object Model，DOM）。

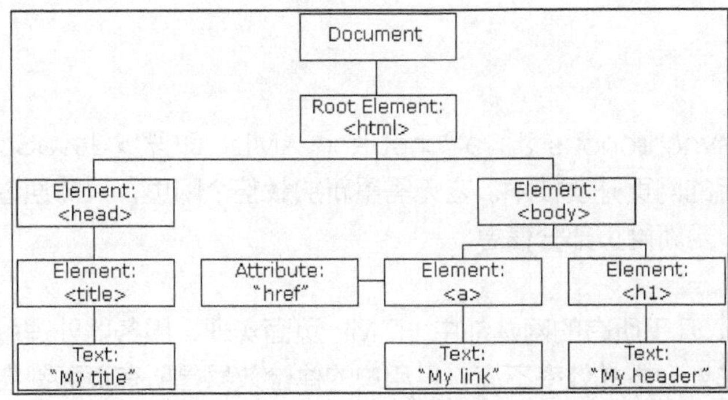

图 2-4

通过 HTML Document 对象，JavaScript 获得了足够的能力来创建动态的 HTML。JavaScript 能够改变页面中的所有 HTML 元素、HTML 属性和 CSS 样式，能够对页面中的所有事件做出反应。

例如，使用 document.getElementById（id 号）查找到需要修改的 HTML 元素，利用 innerHTML 属性修改 HTML 内容，语法如下。

```
document.getElementById(id).innerHTML=新的 HTML
```

2. window 对象

window 对象（注意，w 为小写）是指当前的浏览器窗口，所有浏览器都支持 window 对象。它也是当前页面的顶层对象，即最高一层的对象，其他所有对象都是它的下属。所有全局 JavaScript 对象、函数和变量自动成为 window 对象的成员，其中全局变量是 window 对象的属性，全局函数是 window 对象的方法，甚至 HTML Document 对象也是 window 对象的属性。表 2-8 展示了 window 对象常用的属性和方法。

表 2-8　window 对象的常用属性和方法集合

方法/属性	描述
innerHeight	浏览器窗口的内高度（以像素计）
innerWidth	浏览器窗口的内宽度（以像素计）
screenX	返回浏览器窗口左上角相对于当前屏幕左上角的水平距离（以像素计）
screenY	返回浏览器窗口左上角相对于当前屏幕左上角的垂直距离（以像素计）
open()	打开新窗口
close()	关闭当前窗口
moveTo()	移动当前窗口
resizeTo()	调整当前窗口的尺寸

任务六 Ajax 技术

任务要求

本任务要求了解 Ajax 技术的函数定义和调用方式。

任务实现

（一）Ajax 技术概述

Ajax 的全称为 Asynchronous JavaScript and XML，即异步 JavaScript 和 XML，是指一种创建交互式网页应用的网页开发技术。它无需重新加载整个网页，只需通过后台与服务器进行少量数据交换的情况下，更新网页部分信息。

1. 技术发展史

20 世纪 90 年代，几乎所有的网站都由 HTML 页面实现，服务器处理每一个用户请求都需要重新加载网页。这样的处理方式效率不高，且用户的体验效果是所有页面都会消失，再重新载入，即使只是一部分页面元素改变也要重新载入整个页面，不光要刷新改变的部分，连没有变化的部分也要刷新，这会加重服务器的负担。

这个问题可以通过异步加载来解决。1995 年，Java 语言的第 1 版发布，随之发布的 Java applets（Java 小程序）首次实现了异步加载。浏览器通过运行嵌入网页中的 Java applets 与服务器交换数据，而不必刷新网页。1996 年，Internet Explorer 将 iframe 元素加入到 HTML 中，支持局部刷新网页。

1998 年前后，Outlook Web Access 小组写成（开发完成）了允许客户端脚本发送 HTTP 请求（XMLHTTP）的第一个组件。该组件原属于微软公司的 Exchange Server，并且迅速成为 Internet Explorer 4.0 的一部分。部分专家认为，Outlook Web Access 是第一个成功应用了 Ajax 技术的商业应用程序，并成为包括 Oddpost 的网络邮件产品在内的许多产品的“领头羊”。但是，2005 年年初，许多事件使得 Ajax 技术被大众所接受。谷歌公司在其著名的交互应用程序中使用了异步通信，如 Google 地图、Google 搜索建议、Gmail 等。

“Ajax”这个词由“Ajax: A New Approach to Web Applications”一文所创，该文的迅速流传提高了人们使用该项技术的意识。另外，对 Mozilla/Gecko 的支持使得该技术走向成熟，变得更为简单易用。

2. Ajax 技术与传统 Web 技术的比较

传统 Web 技术是由客户端浏览器向服务器端发送请求，所请求的是整个页面；服务器端处理完毕后，向客户端响应，所响应的是整个页面；在传统的 Web 模型中，客户端与服务器端通信，交互的是整个页面。它的优势是模型实现起来比较容易、逻辑比较清晰等；不足之处是模型体积比较庞大，如果项目过大就会导致逻辑复杂。

Ajax 技术是由客户端浏览器向服务器端发送请求，所请求的是数据；服务器端处理完毕后，向客户端响应，所响应的是数据；在 Ajax 技术模型中，客户端与服务器端通信，交互的是数据层面。它的优点是模型体积较小，比较灵活，对服务器端造成的压力比较小；缺点是在同一个页面中过多地使用 Ajax 技术模型会导致页面的性能非常差。

3. Ajax 技术的优、缺点

使用 Ajax 技术的最大优点，就是能在不更新整个页面的前提下维护数据。这使得 Web 应用程序能更为迅捷地回应用户的动作，并避免了在网络上发送那些没有改变的信息。Ajax 技术不需要任何浏览器插件，但需要用户允许 JavaScript 在浏览器上执行，而且 Ajax 应用程序必须在众多不同的浏览器和平台上经过严格的测试。随着 Ajax 技术的成熟，一些简化 Ajax 技术使用方法的程序库也相继问世。同样，也出现了另一种辅助程序设计的技术，为那些不支持 JavaScript 的用户提供替代功能。

Ajax 技术的主要问题就是，它可能破坏浏览器的后退与加入收藏夹或书签功能。在动态更新页面的情况下，用户无法回到前一个页面状态，这是因为浏览器仅能记下历史记录中的静态页面。一个被完整读入的页面与一个已经被动态修改过的页面之间可能差别非常微妙；用户通常都希望通过单击“后退”按钮就能够取消他们的前一次操作，但是这在 Ajax 应用程序中却无法做到。不过开发者已想出了种种办法来解决这个问题，在 HTML5 版之前的方法大多是在用户单击“后退”按钮访问历史记录时，通过创建或使用一个隐藏的 IFRAME 来重现页面上的变更。例如，当用户在百度中单击“后退”按钮时，会在一个隐藏的 IFRAME 中进行搜索，然后将搜索结果反映到 Ajax 元素上，以便将应用程序恢复到当时的状态。

关于无法将应用程序的状态加入收藏夹或书签的问题，在 HTML5 版本之前的一种方式是使用 URL 片断标识符来对应用程序状态保持追踪，允许用户回到指定的某个应用程序状态。在 HTML5 版本以后可以直接浏览历史，并以字符串的形式存储网页状态，将网页加入网页收藏夹或书签时状态会被隐形地保留。上述两个方法也可以同时解决无法后退的问题。

进行 Ajax 技术开发时，网络延迟（即用户发出请求到服务器发出响应之间的间隔）需要慎重考虑。如果不给予用户明确的回应，没有恰当的预读数据，或者处理不恰当，就会使用户感到厌烦。通常的解决方案是，使用一个可视化的组件来告诉用户，系统正在进行后台操作并且正在读取数据和内容。

（二）Ajax 技术的工作原理

Ajax 技术的工作原理如图 2-5 所示。首先，需要创建一个 XMLHttpRequest 对象，也就是创建一个异步调用对象，之后由该对象创建一个新的 HTTP 请求，并指定该 HTTP 请求的方法、URL、验证信息、设置响应 HTTP 请求状态变化的函数。各项工作准备就绪后，开始发送 HTTP 请求，获取异步调用返回的数据，最后根据返回的参数和状态，使用 JavaScript 和 DOM 实现局部刷新。

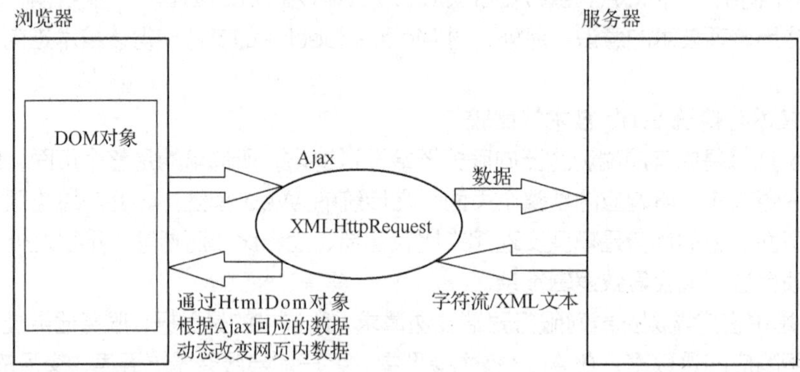

图 2-5

下面详细讲述各个过程。

1. 怎样发送 HTTP 请求

为了使用 JavaScript 向服务器发送一个 HTTP 请求，需要一个包含必要函数功能的对象实例。这就是为什么 Ajax 技术工作原理中会有 XMLHttpRequest 的原因。下面为创建对象的代码。

```
var httpRequest;
if (window.XMLHttpRequest) { // Mozilla, Safari, IE7+ ...
   httpRequest = new XMLHttpRequest();
} else if (window.ActiveXObject) { // IE 6 and older
   httpRequest = new ActiveXObject("Microsoft.XMLHTTP");
}
```

发送一个实际的请求，需要通过调用 HTTP 请求对象的 open()和 send()方法，代码如下所示。

```
httpRequest.open('GET', 'http://www.example.org/some.file', true);
httpRequest.send();
```

其中，open()的第一个参数是 HTTP 请求方法，有 GET、POST、HEAD 及服务器支持的其他方法。保证这些方法一定要是大写字母，否则其他一些浏览器（如 FireFox）可能无法处理这个请求。第二个参数是要发送的 URL 地址。由于安全原因，默认不能调用第三方 URL 域名。确保在页面中使用的是正确的域名，否则在调用 open()方法时会有“权限被拒绝”的提示。一个容易犯的错误是系统企图通过 baidu.com 访问网站，而不是使用 www.baidu.com。第三个参数是可选的，用于设置请求是否是异步的。如果将其设为 true（默认设置），JavaScript 执行就会持续，并且在服务器还没有响应的情况下与页面进行交互。

send()方法的参数可以是任何想发送给服务器的内容，如果是 POST 请求的话，发送表单数据时就应该用服务器可以解析的格式，如登录时发送用户名和密码。

```
"username=value1&password=value2"
```

2. 处理服务器响应

发送一个请求后，会收到响应。在这一阶段，需要告诉 XMLHttp 请求对象是由哪一个 JavaScript 函数处理响应的，在设置了对象的 onreadystatechange 属性后给它命名，当请求状态改变时调用函数。

```
httpRequest.onreadystatechange = nameOfTheFunction;
```

需要注意的是，函数名后没有参数，因为此时是把一个引用赋值给了函数，而不是真正地调用它。此外，如果不使用函数名的方式，就还可以用 JavaScript 的匿名函数响应处理的动作，代码如下所示。

```
httpRequest.onreadystatechange = function(){
    // 处理逻辑.
};
```

这个函数应该做什么？首先，函数要检查请求的状态。如果状态的值是 XMLHttpRequest.DONE（对应的值是 4），就意味着服务器响应收到了并且是没问题的，然后程序就可以继续执行。

```
if (httpRequest.readyState === XMLHttpRequest.DONE) {
    // 准备就绪.
} else {
    //还未准备就绪.
}
```

readyState 的常用状态值及其含义如表 2-9 所示。

表 2-9　readyState 的常用状态值及其含义

值	含义
0	未初始化或者请求还未初始化
1	正在加载或者已建立服务器连接
2	加载成功或者请求已接受
3	交互或者正在处理请求
4	完成或者请求已完成并且响应已准备好

接下来，查看 HTTP 的响应状态，在下面的例子中，我们通过检查响应码 200 来区别对待成功和不成功的 Ajax 技术的调用。

```
if (httpRequest.status === 200) {
    // 响应正常
} else {
    // 响应不正常
    // 例如返回 404，页面没有找到
    // 或者是 500，服务器内部错误
}
```

在检查完请求状态和 HTTP 响应码后，就可以用服务器返回的数据进行所有操作了。可以通过以下两个方法来访问这些数据。

（1）httpRequest.responseText：服务器以文本字符的形式返回。

（2）httpRequest.responseXML：以 XMLDocument 对象的方式返回，之后就可以使用

JavaScript 来处理。

下面利用 httpRequest.responseText 来读取 HTTP 请求中返回的字符。这个 JavaScript 会请求一个 HTML 文档 test.html，它包含了“测试页”内容。然后使用 alert()函数输出返回的内容。

【例 2-9】 使用 responseText 获取 test.html 页面内容。

```
<button id="ajaxButton" type="button">发起请求</button>

<script>
(function() {
    var httpRequest;
    document.getElementById("ajaxButton").addEventListener('click', makeRequest);

    function makeRequest() {
      httpRequest = new XMLHttpRequest();

      if (!httpRequest) {
         alert('Giving up :( Cannot create an XMLHTTP instance');
         return false;
      }
      httpRequest.onreadystatechange = alertContents;
      httpRequest.open('GET', 'test.html');
      httpRequest.send();
   }

   function alertContents() {
        try {
           if (httpRequest.readyState === XMLHttpRequest.DONE) {
              if (httpRequest.status === 200) {
                 alert(httpRequest.responseText);
              } else {
                 alert('There was a problem with the request.');
              }
           }
         }catch( e ) {
              alert('Caught Exception: ' + e.description);
        }
   }
})();
</script>
```

在这个例子中，用户单击“发起请求”按钮，事件处理调用 makeRequest()函数，请求已通过，然后（onreadystatechange）传给 alertContents()函数执行。alertContents()函数检查返回的响应是否 OK，然后使用 alert()函数输出 test.html 文件的内容。

（三）Ajax 技术与 jQuery 库

最初，编写常规的 Ajax 代码并不容易，因为不同的浏览器对 Ajax 技术的实现并不相同。这意味着必须编写额外的代码对浏览器进行测试。不过，jQuery 库的诞生解决了这个难题，只需要几行简单的代码，就可以实现 Ajax 技术的功能，而且代码结构还清晰易读。

jQuery 是一个跨浏览器的 JavaScript 库，极大地简化了 HTML 和 JavaScript 编程。jQuery 库是包含所有公共 DOM、事件、效果和 ajax()函数的一个 JavaScript 文件。使用时应提前从官网上下载 jQuery 库，通过下面的标记引入 jQuery 库。需要注意的是，<script>标签应该位于页面的

<head>部分。

```
<head>
<script type="text/javascript" src="jquery.js"></script>
</head>
```

$是 jQuery 库中的标志性符号。实际上，jQuery 库把所有功能全部封装在一个全局变量 jQuery 中，$是一个合法的变量名，是变量 jQuery 的别名。jQuery 框架在全局变量 jQuery（也就是$）中绑定了 ajax()函数，可以处理 Ajax 技术请求。ajax(settings)函数需要接收一个 settings 对象，通常的代码形式如下。

```
$.ajax({
    type:"get",
    url: url,
    data:datas
    dataType: "json",
    async: true,
    success: function(){},
    error: function(){}
})
```

通过比较不难得出，相对于原始的 Ajax 技术程序，jQuery 库中的 ajax()函数采用了键值对的编码形式，结构清晰、易于上手。下面通过表 2-10 简要介绍 ajax()函数中参数 settings 的常用属性。

表 2-10　常用属性说明

属性名	含义
type	发送的 Method，缺省为'GET'，可指定为'POST'或'PUT'
data	发送到服务器的数据。将自动转换为请求字符串格式，如'&foo=bar1&foo=bar2'
dataType	预期服务器返回的数据类型，常用的为 JSON 格式
url	负责接受并处理请求的 URL
async	是否异步执行 Ajax 技术请求，默认为 true
success	请求成功后要执行的回调函数
error	请求失败时要执行的函数

【例 2-10】　使用 Ajax 技术实现用户登录功能。

用户登录界面如图 2-6 所示，该界面包含一个 form 表单，表单中有 3 个 input 输入框，1 个“登录”按钮，用户名 input 的 id 为 user，密码的 id 为 pwd，验证码的 id 为 verify。当输入用户名、密码和验证码后，单击“登录”按钮时就会触发 Ajax 技术执行。

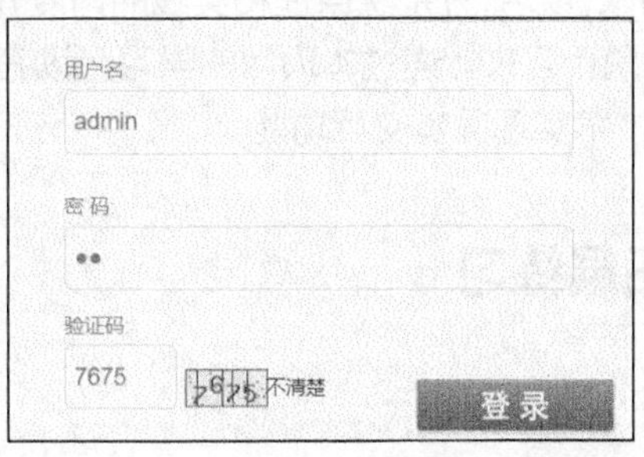

图 2-6

微课：Ajax 技术实现用户登录

使用 Ajax 技术实现用户登录功能的代码如下。

```
$.ajax({
url: login.do,
```

```
data:{'user':user.val(),'pwd':pwd.val(),'verify':verify.val()},
    type: "POST",
    dataType:'json',
    success:function(data){
        if(data.status == '1'){
            window.location.href = dr;
        }else if (data.status == '2') {
            $('#errormsg').html("<strong>验证码错误<strong>");
        }else if (data.status == '0') {
            $('#errormsg').html("<strong>用户名或密码错误！<strong>");
        }

    },
    error : function(data) {
        alert("出错：" + data.code);
    }
});
```

该按钮的请求以 type 指定的方式发送。POST 类型携带了 data 包含的 3 个参数，分别是用户名（user.val）、密码（pwd.val）和验证码（verify.val），发往 url 属性指向的地址 login.do。经过后台校验，如果用户名或密码不正确，后台就返回 JSON 字符串{"status":"0"}；如果都正确，就返回 JSON 字符串{"status":"1"}；如果验证码有误，就返回{"status":"2"}。这样 HTML 页面就可以根据得到的状态码做出相应的处理。

任务七 项目小结

任务要求

本任务要求回顾本项目重要知识点。

任务实现

本项目首先介绍了 JavaScript 的发展历史和特性，之后简要介绍了 JavaScript 的基础语法、常用事件和常用对象。最后，分别从原理和实践的角度介绍了Ajax技术，通过实际案例将JavaScript与 Ajax 交互技术融合起来。通过本项目的学习，读者可以掌握向 HTML 页面中添加 JavaScript 事件，使用 Ajax 技术实现异步交互功能。

任务八 拓展练习

任务要求

本任务要求模仿百度的查询提示功能，通过一个程序为大家展示如何将 HTML、JavaScript 与 Ajax 技术结合起来使用。

任务实现

【实训】 查询提示。

首先，编写一个查询界面。这是一个简单的带有名为"txt1"输入域的 HTML 表单。输入域的事件属性定义了一个由 onkeyup 事件触发的函数。表单下面的段落包含了一个名为"txtSuggestion"的 span，这个 span 充当了由 Web 服务器所取回的数据的位置占位符。当用户输入数据时，名为"showSuggestion ()"的函数就会被执行。函数的执行是由"onkeyup"事件触发的。另外需要说明的是，当用户在文本域中输入数据，手指从键盘按键上移开时，showSuggestion()函数就会被调用。

```
<html>
    <body>
         <form>
             关键字:
             <input type="text" id="txt1" onkeyup="showSuggestion(this.value)">
         </form>
         <p>提示: <span id="txtSuggestion"></span></p>
    </body>
</html>
```

之后编写的showSuggestion()函数是一个位于HTML页面head部分的很简单的JavaScript函数。每当有字符输入文本框时，此函数就会执行。showSuggestion()函数的内部执行流程如下。

（1）定义回传数据的服务器的 url。

（2）使用文本框的内容向 url 添加参数 q。

（3）添加一个随机的数字，以防止服务器使用某个已缓存的文件。

（4）创建一个 XMLHTTP 对象，并告知此对象当某个改变被触发时执行名为 stateChanged 的函数。

（5）向服务器发送一个 HTTP 请求。

（6）如果输入域为空，此函数就仅仅会清空 txtSuggestion 占位符的内容。

```
function showSuggestion(str){
   if (str.length==0){
      document.getElementById("txtSuggestion").innerHTML="";
      return;
   }
   xmlHttp=GetXmlHttpObject()
   if (xmlHttp==null){
      alert ("您的浏览器不支持 Ajax! ");
      return;
   }
var url="getSuggestion.jsp";
url=url+"?q="+str;
url=url+"&sid="+Math.random();
xmlHttp.onreadystatechange=stateChanged;
xmlHttp.open("GET",url,true);
xmlHttp.send(null);
}
```

以上代码显示，showSuggestion()函数中还调用了名为“GetXmlHttpObject()”的函数，此函数的作用是解决为不同浏览器创建不同的 XMLHTTP 对象的问题。

```
function GetXmlHttpObject(){
    var xmlHttp=null;
```

```
    try{
        xmlHttp=new XMLHttpRequest();
    }catch(e){
        // Internet Explorer
        try{
            xmlHttp=new ActiveXObject("Msxml2.XMLHTTP");
        }catch(e){
            xmlHttp=new ActiveXObject("Microsoft.XMLHTTP");
        }
    }
   return xmlHttp;
}
```

stateChanged()函数包含下面的代码。

```
function stateChanged() {
    if(xmlHttp.readyState==4) {
        document.getElementById("txtSuggestion").innerHTML=xmlHttp.responseText;
    }
}
```

每当 XMLHTTP 对象的状态发生改变时，stateChanged()函数就会被执行。当状态变更为 4（“完成”）时，txtSuggestion 占位符的内容就被响应文本来填充。

将上面各环节整合后形成以下完整的代码。

```
<html>
   <head>
      <script type="text/javascript">
         var xmlHttp=null;
         function showSuggestion(str){
            if (str.length==0){
               document.getElementById("txtSuggestion").innerHTML="";
               return;
            }
            try{
               xmlHttp=new XMLHttpRequest();
            }catch(e){// Old IE
               try{
                  xmlHttp=new ActiveXObject("Microsoft.XMLHTTP");
               }catch(e){
                  alert ("您的浏览器不支持!");
                  return;
               }
         }
         var url="/ajax/getSuggestion.jsp?q=" + str;
         url=url+"&sid="+Math.random();
         xmlHttp.open("GET",url,false);
         xmlHttp.send(null);
         document.getElementById("txtHint").innerHTML=xmlHttp.responseText;
      }
      </script>
   </head>
   <body>
      <form>
         关键字:
         <input type="text" id="txt1" onkeyup="showSuggestion (this.value)">
      </form>
```

```
        <p>建议: <span id="txtSuggestion"></span></p>
    </body>
</html>
```

课后练习

1. 填空题

（1）在 HTML 页面上编写 JavaScript 代码时，应写在________________标签中间。

（2）JavaScript 中若已知元素 name，通过______________________可以获得一组元素。已知 HTML 页面中的某标签对象的 id，用______________________方法可以获得该标签对象。

（3）在 HTML 页面上，按下键盘上任意一个键时都会触发 JavaScript 的________事件。

2. 选择题

（1）JavaScript 是运行在（　　）的脚本语言。

A. 服务器端

B. 客户端

C. 在服务器运行后，把结果返回到客户端

D. 在客户端运行后，把结果返回到服务器端

（2）在 JavaScript 中，能使文本框失去焦点的方法是（　　）。

A. onblur()　　B. focus()　　C. blur()　　D. leave()

（3）在 JavaScript 中，运行 Math.ceil(25.5);的结果是（　　）。

A. 24　　B. 25　　C. 25.5　　D. 26

（4）关于函数，以下说法中错误的是（　　）。

A. 函数类似于方法，是执行特定任务的代码块

B. 可以直接使用函数名称来调用函数

C. 函数可以提高代码的重用率

D. 函数不能有返回值

（5）在 JavaScript 中，下列关于 window 对象方法的说法中错误的是（　　）。

A. window 对象包括 location 对象、history 对象和 document 对象

B. window.onload( )方法中的代码会在一个页面加载完成后执行

C. window.open( )方法用于在当前浏览器窗口中加载指定的 URL 文档

D. window.close( )方法用于关闭浏览器窗口

（6）xhr.status==404 代表（　　）。

A. 成功　　B. 找不到资源　　C. 错误　　D. 无此状态码

3. 简答题

（1）举例说明 JavaScript 的常用对象有哪些。

（2）简述 Ajax 技术的原理和优势。

4. 编程题

请写出一个 button 的 onclick 事件。要求：该事件检测 id 为 test 的 input 中输入的是否全部为数字，如果不全为数字，就利用 Ajax 技术给出提示。

项目三

Spring 基础

Spring 是当前主流的 Java Web 开发框架，为企业级应用开发提供了丰富的功能，掌握 Spring 框架的使用是 Java 开发者必备的技能之一。本项目重点讲解 Spring 开发环境的构建。

课堂学习目标

了解 Spring 的体系结构

掌握 Spring 的开发环境

任务一 Spring 简介

任务要求

本任务要求了解 Spring 的基本知识。

任务实现

（一）Spring 的由来

Spring 是于 2003 年兴起的一个轻量级的 Java 开发框架，由 Rod Johnson 在其著作中阐述的部分理念和原型衍生而来，是为了解决企业应用开发的复杂性而创建的。Spring 使用基本的 JavaBean 来完成以前只能由企业级 JavaBean（Enterprise JavaBean，EJB）完成的事情。然而，其用途不仅限于服务器端的开发。从简单性、可测试性和松耦合的角度而言，任何 Java 应用都可以从 Spring 中受益。Spring 的核心是 IoC 功能和 AOP 功能。简单来说，Spring 是一个分层的 JavaSE/EE full-stack（一站式）轻量级开源框架。

（1）轻量——从大小与开销两方面而言 Spring 都是轻量的。完整的 Spring 框架可以在一个大小只有 1 MB 多的 jar 包里发布，并且它所需的处理开销也是微不足道的。此外，Spring 是非侵入式的，典型的 Spring 应用中的对象不依赖于 Spring 的特定类。

（2）控制反转——Spring 通过 IoC 技术促进了松耦合。应用了 IoC 技术后，一个对象依赖的其他对象会通过被动的方式传递进来，而不是这个对象自己创建或者查找依赖对象。我们可以认为

IoC 与 java 命名占目录接口（Java Naming and Directory Interface，JNDI）相反——不是对象从容器中查找依赖，而是容器在对象初始化时不等对象请求就主动将依赖传递给它。

（3）面向切面编程——Spring 提供了面向切面编程的丰富支持，允许通过分离应用的业务逻辑与系统级服务进行内聚性的开发。应用对象只实现它们应该做的——完成业务逻辑。它们并不负责其他的系统级关注点，如日志或事务支持。

（4）容器——Spring 包含并管理应用对象的配置和生命周期，在这个意义上它是一种容器。用户可以配置自己的每个 Bean 如何被创建，以及它们是如何相互关联的。然而，Spring 不应该被混同于传统的重量级 EJB 容器，它们经常是庞大、笨重的，难以使用。

（5）框架——Spring 可以将简单的组件配置组合成为复杂的应用。在 Spring 中，应用对象被声明式地组合在一个 XML 文件里。Spring 也提供了很多基础功能，如事务管理、持久化框架集成等。

所有 Spring 的这些特征使用户能够编写更干净、更可管理且更易于测试的代码。它们也为 Spring 中的各种模块提供了基础支持。

（二）Spring 的体系结构

Spring 框架由 7 个定义明确的模块组成，如图 3-1 所示。如果作为一个整体，这些模块就为开发者提供了开发企业应用所需的一切。但不必将应用完全基于 Spring 框架，开发者可以自由地挑选适合应用的模块而忽略其余模块。

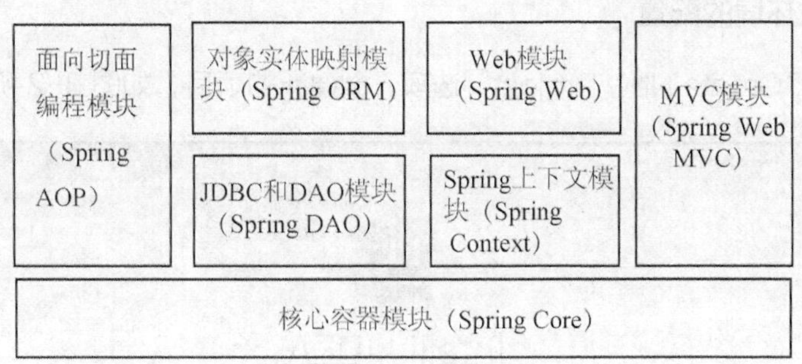

图 3-1

（1）核心容器模块（Spring Core）：核心容器模块（Spring Core）提供了 Spring 框架的基本功能。其主要组件是 BeanFactory，它是工厂模式的实现。BeanFactory 使用 IoC 模式将应用程序的配置和依赖性规范与实际的应用程序代码分开。

（2）Spring 上下文模块（Spring Context）：Spring 上下文模块（Spring Context）是一个配置文件，向 Spring 框架提供上下文信息。

（3）面向切面编程模块（Spring AOP）：面向切面编程模块（Spring AOP）提供了一个符合 AOP 要求的面向切面的编程实现途径，允许定义方法拦截器和切入点（Pointcuts），将代码按照功能进行分离，以便干净地解耦。

（4）JDBC 和 DAO 模块（Spring DAO）：JDBC 和 DAO 模块（Spring DAO）抽象层提供了有意义的异常层次结构，可用该结构来管理异常处理和不同数据库供应商抛出的错误消息。

（5）对象实体映射模块（Spring ORM）：对象实体映射模块（Spring ORM）为流行的对象关系映射 API 提供集成层，包括 JPA 和 Hibernate。使用对象实体映射模块（Spring ORM）可以将这些 O/R 映射框架与 Spring 提供的所有其他功能结合使用。

（6）Web 模块（Spring Web）：Web 模块（Spring Web）提供了基本的 Web 开发集成功能，如多文件上传功能、使用 Servlet 监听器初始化一个 IoC 容器及 Web 应用上下文。

（7）MVC 模块（Spring Web MVC）：MVC 模块（Spring Web MVC）建立在 Spring 核心功能之上，拥有 Spring 框架的所有特性，主要适用于多视图、模板技术、国际化和验证服务，实现控制逻辑和业务逻辑的清晰分离。

任务二 Spring 开发环境的配置

任务要求

本任务要求掌握 Spring 开发环境的搭建。

任务实现

为了提高开发效率，需要安装 IDE 工具。在使用 Intellij IDEA 之前，需要对 JDK、Web 服务器进行一些必要的配置。

（一）Spring 开发环境的配置

（1）首先单击“Create New Project”选项，创建新的项目，如图 3-2 所示。

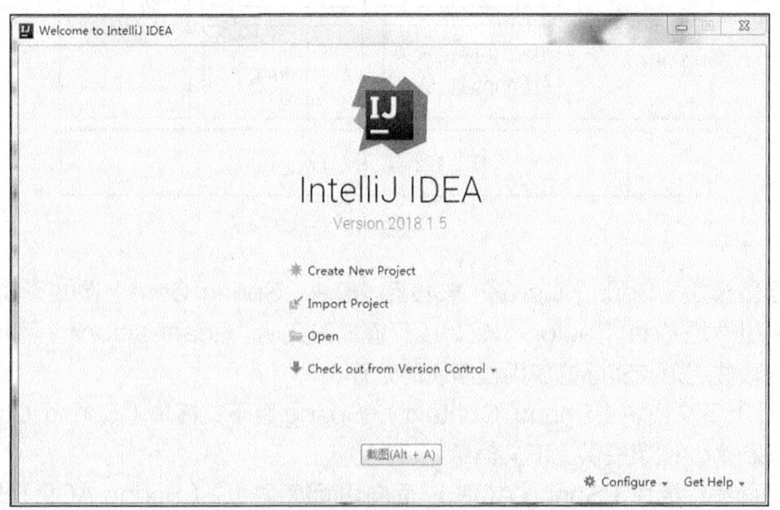

图 3-2

（2）勾选“Spring”选项，然后单击“Next”按钮，如图 3-3 所示。

（3）设置项目存放路径及名称，单击“Finish”按钮，如图 3-4 所示。

（4）联网状态下，Intellij IDEA 会自动下载 Spring 所需要的 jar 包文件，如图 3-5 所示。

（5）下载好后，Spring 的 jar 包和配置文件都准备完毕。

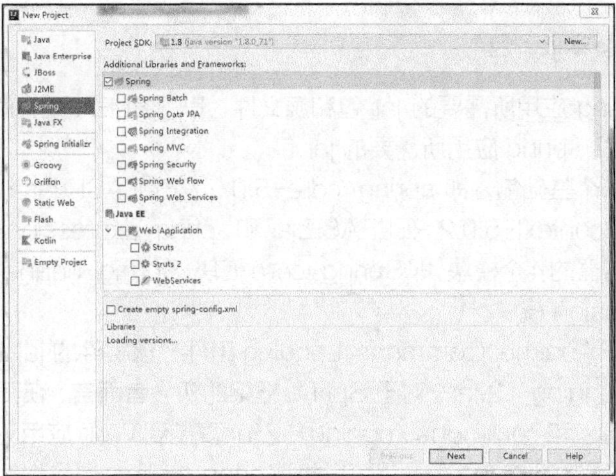

图 3-3

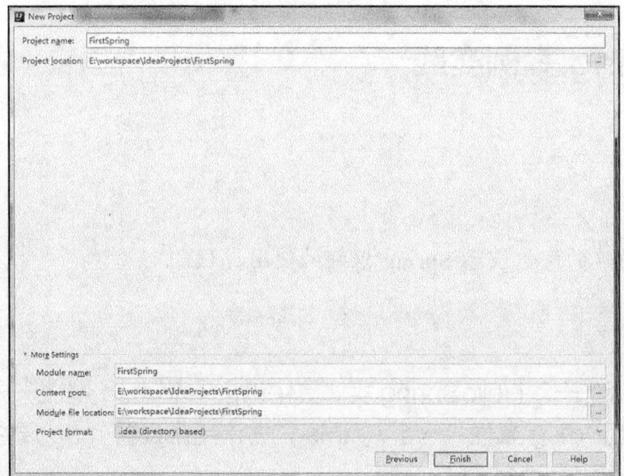

图 3-4

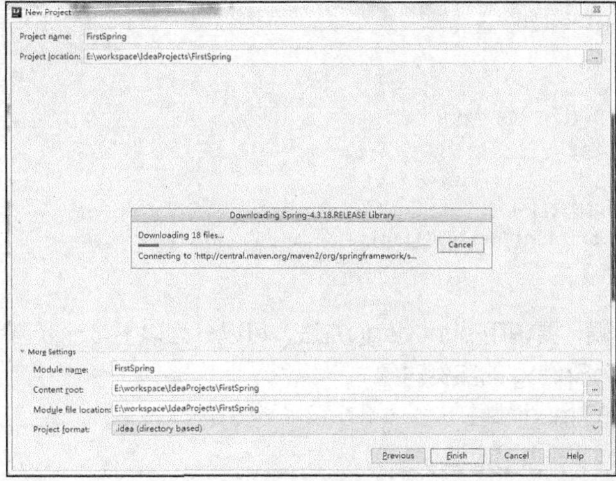

图 3-5

（二）Spring 框架的基本 jar 包

libs 目录包含 Spring 应用所需要的 jar 包和源文件。以 RELEASE.jar 结尾的文件是 Spring 框架类的 jar 包，即开发 Spring 应用所需要的 jar 包。

在 libs 目录中有 4 个基础包，即 spring-core-5.0.2.RELEASE.jar、spring-beans-5.0.2.RELEASE.jar、spring-context-5.0.2.RELEASE.jar 和 spring-expression-5.0.2.RELEASE.jar，分别对应 Spring 核心容器的 4 个模块，即 Spring-core 模块、Spring-beans 模块、Spring-context 模块和 Spring-expression 模块。

Spring 框架依赖于 Apache Commons Logging 组件，该组件的 jar 包通过工具自动下载并解压缩为 commons-logging-l.2.jar。对于 Spring 框架的初学者而言，在开发 Spring 应用时只需要将 Spring 的 4 个基础包和 commons-logging-l.2.jar 复制到 Web 应用的 WEB-INF/lib 目录下即可。如果用户不知道需要哪些 jar 包，就可以将 Spring 的 libs 目录中的 spring-XXX-5.0.2.RELEASE.jar 全部复制到 WEB-INF/lib 目录下。

任务三 Spring 案例实践

任务要求

本任务通过一个简单的案例演示 Spring 框架的使用过程。

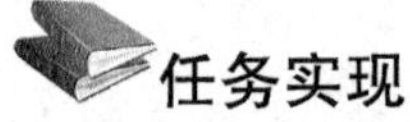

任务实现

微课：Spring 案例

【例 3-1】 首先创建一个 HelloSpring 类，其中包含一个 msg 属性、一个 printMsg()方法用来显示 msg 属性、一个 setMsg()方法用来设置 msg 属性、一个 getMsg()方法用来获得 msg 属性。

```
public class HelloSpring {
    private String msg;
    public String getMsg() {
        return msg;
    }
    public void setMsg(String msg) {
        this.msg = msg;
    }
    public void printMsg() {
        System.out.println("Hello:"+msg);
    }
}
```

在不使用框架的时候，要调用 printMsg()方法，可以分为以下 3 个步骤。

（1）创建一个 HelloSpring 的实例对象。

（2）设置实例对象的 msg 属性。

（3）调用对象的 printMsg ()方法。

```
public class Demo1 {
    public static void main(String[] args) {
```

```
            //不使用框架之前的步骤
            //1.创建一个 HelloSpring 的实例对象
            HelloSpring helloSpring=new  HelloSpring();
            //2.设置实例对象的 msg 属性
            helloSpring.setMsg("Spring 框架");
            //3.调用对象的 printMsg()方法
            helloSpring.printMsg();
        }
    }
```

运行该程序输出如下代码。

```
Hello:Spring 框架
```

接下来，使用 Spring 框架方式。

首先在 Spring 的配置文件 applicationContext.xml 中加入以下内容。

```
<?xml version="1.0" encoding="UTF-8"?>
<beans xmlns="http://www.springframework.org/schema/beans"
    xmlns:xsi="http://www.w3.org/2001/XMLSchema-instance"
    xsi:schemaLocation="
      http://www.springframework.org/schema/beans http://www.springframework.org/schema/beans/spring-beans.xsd
      >
    <bean id="helloSpring" class="it.com.HelloSpring">
<property name="msg" value="Spring 框架"></property>
</bean>
</beans>
```

这时就配置好了 HelloSpring Bean 的信息，再调用 printMsg ()方法时就与之前有所不同，也需要 3 个步骤。

（1）创建一个 Spring 的 IoC 容器对象。

（2）从 IoC 容器中获取 Bean 实例。

（3）调用 printMsg ()方法。

```
public class Demo1 {
    public static void main(String[] args) {
    //1.创建一个 Spring 的 IoC 容器对象
    ApplicationContext applicationContext=new ClassPathXmlApplicationContext("applicationContext.xml");
    //2.从 IoC 容器中获取 Bean 实例。
    HelloSpring helloSpring=(HelloSpring) applicationContext.getBean("helloSpring");
    //3.调用 printMsg()方法。
     helloSpring.printMsg();
    }
}
```

运行该程序输出如下代码。

```
Hello:Spring 框架
```

第一次使用 Spring，明明没有创建 HelloSpring 的实例对象，只是配置了一下 Spring 的配置文件，怎么就能得出正确的结果呢?

这是因为使用了 Spring 的 IoC 功能，把对象的创建和管理功能都交给了 Spring，需要对象时再向 Spring 调用即可。

任务四 Spring IoC 的基本概念

任务要求

本任务要求了解 Spring IoC 的基本知识。

任务实现

控制反转是一个比较抽象的概念，对于初学者来说不好理解，我们举例说明。在实际生活中，人们要用到一样东西时，基本想法是先找到东西。例如，我们想喝一杯咖啡，在过去没有咖啡馆时，最直观的做法可能是按照自己的口味制作咖啡。这是“主动”创造的过程，也就是我们需要主动创造一杯咖啡。如今，咖啡馆盛行，已经没有必要自己去现磨咖啡了。想喝咖啡的想法一出现，第一个动作就是找到咖啡馆的联系方式，通过电话、微信等渠道表达自己的需求，下订单，等待咖啡被送上门。注意，我们并没有“主动”创造咖啡，咖啡是由咖啡馆创造的，但也完全满足了我们的需求。

这个例子虽简单，但却包含了控制反转的思想，即把制作咖啡的主动权交给咖啡馆。当某个 Java 对象（调用者，如我们）需要调用另一个 Java 对象（被调用者，即被依赖对象，如咖啡）时，在传统编程模式下，调用者通常会采用“new 被调用者”的代码方式来创建对象（如自己制作咖啡）。这种方式会增加调用者与被调用者之间的耦合性，不利于后期代码的升级与维护。而当 Spring 框架出现后，对象的实例不再由调用者来创建，而是由 Spring 容器（如咖啡馆）来创建。程序之间的关系由 Spring 容器控制，而不是由调用者的程序代码直接控制。这样，控制权就由调用者转移到了 Spring 容器，这种反转，就是 Spring 的控制反转。

IoC 还有另外一个名称——“依赖注入（Dependency Injection）”。从名称上理解，即组件之间的依赖关系由容器在运行时决定。形象地说，即由容器动态地将某种依赖关系注入到组件之中。

例如，笔记本计算机与外围存储设备通过预先指定的一个 USB 接口相连。对于笔记本计算机而言，只是将用户指定的数据发送到 USB 接口，而这些数据将何去何从，则由当前接入的 USB 设备决定。在 USB 设备加载之前，笔记本计算机不可能预料到用户将在 USB 接口上接入何种设备。只有 USB 设备接入之后，这种设备之间的依赖关系才开始形成。

对应上面关于依赖注入机制的描述，在系统运行时（系统开机，USB 设备加载）由容器（运行在笔记本计算机中的 Windows 操作系统）将依赖关系（笔记本计算机依赖 USB 设备进行数据存取）注入到组件中（Windows 文件访问组件）。

综上所述，传统模式中是类和类之间直接调用，所以有很强的耦合度，程序之间的依赖关系比较强，后期维护时牵扯得比较多。

IoC 用配置文件（XML）来描述类与类之间的关系，由容器来管理，降低了程序间的耦合度，程序的修改可以通过简单的配置文件的修改来实现。

任务五 Spring 框架中的依赖注入技术

任务要求

本任务要求掌握 Spring 框架中常用的两种注入技术，分别是构造方法注入和属性注入。

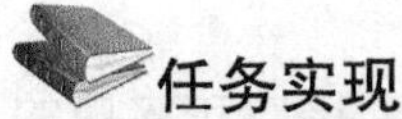

任务实现

在实际环境中实现 IoC 容器的方式主要分为两大类：一类是依赖查找，即通过资源定位，把对应的资源查找回来；另一类则是依赖注入。而 Spring 主要使用的是依赖注入。一般而言，依赖注入可以分为构造器注入、setter 注入和接口注入 3 种方式。

构造器注入和 setter 注入是主要方式，而接口注入是从别的地方注入的方式。例如，在 Web 工程中，数据源往往是通过服务器（如 Tomcat）去配置的。这个时候可以用 JNDI 的形式通过接口将它注入到 Spring IoC 容器中。

（一）使用构造方法注入

微课：使用构造方法注入技术

构造器注入主要是依赖于构造方法去实现，构造方法可以是有参的，也可以是无参的。我们通常都是通过类的构造方法来创建类对象，以及给它赋值。同样，Spring 也可以采用反射的方式，通过构造方法来完成注入（赋值）。这就是构造器注入的原理。

【例 3-2】 利用构造方法注入技术。

（1）创建 entity 包。

在 ConstructorDI 应用中创建 entity 包，并在该包中创建 Student 类。

```
package it.entity;
public class Student {
    private String stuId;
    private String stuName;
    private int stuAge;
    public Student(String stuId, String stuName, int stuAge) {
        super();
        this.stuId = stuId;
        this.stuName = stuName;
        this.stuAge = stuAge;
    }
    public String getStuId() {
        return stuId;
    }
    public void setStuId(String stuId) {
        this.stuId = stuId;
    }
    public String getStuName() {
        return stuName;
    }
    public void setStuName(String stuName) {
        this.stuName = stuName;
    }
    public int getStuAge() {
        return stuAge;
    }
    public void setStuAge(int stuAge) {
        this.stuAge = stuAge;
    }
}
```

（2）创建 dao 包。

在 ConstructorDI 应用中创建 dao 包，并在该包中创建 StudentDao 接口和接口的 StudentDaoImpl 实现类。创建 dao 包的目的是在 service 中使用构造方法依赖注入 StudentDao 接口的对象。

① StudentDao 接口代码。

```
package it.dao;
import it.entity.Student;
public interface StudentDao {
     public String getStuInfo(Student student);
}
```

② StudentDaoImpl 实现类的代码。

```
package it.dao;
import it.entity.Student;
public class StudentDaoImpl implements StudentDao {
 @Override
 public String getStuInfo(Student student) {
      String msString=String.format(" 学 生 的 学 号 : %s, 学 生 的 姓 名 : %s, 学 生 的 年 龄 : %d",
student.getStuId(),student.getStuName(),student.getStuAge());
 return msString;
 }
}
```

（3）创建 service 包。

在 ConstructorDI 应用中创建 service 包，并在该包中创建 StudentService 接口和接口的 StudentServiceImpl 实现类。在 StudentServiceImpl 中使用构造方法依赖注入 StudentDao 接口对象。

① StudentService 接口代码。

```
package it.service;
import it.entity.Student;
public interface StudentService {
public void showInfo(Student stu);
}
```

② StudentServiceImpl 实现类的代码。

```
import it.dao.StudentDao;
import it.entity.Student;
public class StudentServiceImpl implements StudentService {
 private StudentDao dao;
 public StudentServiceImpl(StudentDao dao) {
      super();
      this.dao = dao;
 }
 @Override
 public void showInfo(Student stu) {
      String msString = dao.getStuInfo(stu);
      System.out.println(msString);
 }
}
```

（4）编写配置文件。

在 src 根目录下创建 Spring 配置文件 applicationContext.xml。在配置文件中首先将 Student 类和 StudentDaoImpl 类托管给 Spring，让 Spring 创建其对象，然后将 StudentServiceImpl 类

托管给 Spring，同时给构造方法传递实参。

配置文件的具体代码如下所示。

```
<bean id="stu" class="it.entity.Student">
    <constructor-arg name="stuId" value="20080809"></constructor-arg>
    <constructor-arg name="stuName" value="zhangsan"></constructor-arg>
    <constructor-arg name="stuAge" value="20"></constructor-arg>
</bean>
<bean id="stuDao" class="it.dao.StudentDaoImpl"></bean>
<bean id="stuService" class="it.service.StudentServiceImpl">
    <constructor-arg name="dao" ref="stuDao"></constructor-arg>
</bean>
```

（5）创建 test 包。

在 ConstructorDI 应用中创建 test 包，并在该包中创建 Test 测试类。

```
package it.test;
import org.springframework.context.ApplicationContext;
import org.springframework.context.support.ClassPathXmlApplicationContext;
import it.entity.Student;
import it.service.StudentService;
public class Test {
 public static void main(String[] args) {
     ApplicationContext applicationContext= new ClassPathXmlApplicationContext ("applicationContext.
xml");
     Student stu= (Student) applicationContext.getBean("stu");
     StudentService stuService=(StudentService)applicationContext.getBean("stuService");
 stuService.showInfo(stu);
     }
}
```

（6）运行程序，输出结果如下。

```
学生的学号：20080809,学生的姓名：zhangsan,学生的年龄：20
```

（二）使用属性 setter 方法注入

setter 方法注入是最常见的一种注入方式，即通过 setter 方法注入依赖的值或对象。这种注入方式具有高度灵活性，要求 Bean 提供一个默认的构造方法，并为需要注入的属性提供对应的 setter 方法。Spring 先调用 Bean 的默认构造方法实例化 Bean 对象，然后通过反射的方式调用 setter 方法注入属性值。

微课：使用属性 setter 方法注入

【例 3-3】 利用 setter 方法注入技术。

（1）创建 entity 包。

在 SetterDI 应用中创建 entity 包，并在该包中创建 Student 类。

```
package it.entity;
public class Student {
 private String stuId;
 private String stuName;
 private int stuAge;
 public Student() {
     super();
 }
 public String getStuId() {
     return stuId;
 }
 public void setStuId(String stuId) {
```

```
        this.stuId = stuId;
    }
    public String getStuName() {
        return stuName;
    }
    public void setStuName(String stuName) {
        this.stuName = stuName;
    }
    public int getStuAge() {
        return stuAge;
    }
    public void setStuAge(int stuAge) {
        this.stuAge = stuAge;
    }
}
```

（2）创建 service 包。

在 ConstructorDI 应用中创建 service 包，并在该包中创建 StudentService 接口和接口的 StudentServiceImpl 实现类。在 StudentServiceImpl 实现类中使用构造方法依赖注入 StudentDao 接口对象。

➢ StudentServiceImpl 实现类的代码

```
package it.service;
import it.dao.StudentDao;
import it.entity.Student;

public class StudentServiceImpl implements StudentService {
 private StudentDao dao;
 public void setDao(StudentDao dao) {
  this.dao = dao;
 }
 public StudentServiceImpl() {
  super();
 }
 @Override
 public void showInfo(Student stu) {
  String msString = dao.getStuInfo(stu);
  System.out.println(msString);
 }
}
```

（3）编写配置文件。

将 StudentServiceImpl 类托管给 Spring，让 Spring 创建其对象，同时调用 StudentServiceImpl 类的 setter 方法完成依赖注入。配置文件的具体代码如下。

```
<bean id="stu" class="it.entity.Student">
    <property name="stuId" value="20080809"></property>
    <property name="stuName" value="zhangsan"></property>
    <property name="stuAge" value="20"></property>
</bean>
<bean id="stuDao" class="it.dao.StudentDaoImpl"></bean>
<bean id="stuService" class="it.service.StudentServiceImpl">
    <property name="dao" ref="stuDao"></property>
</bean>
```

（4）运行程序，输出结果。

```
学生的学号：20080809,学生的姓名：zhangsan,学生的年龄：20
```

（三）两种注入方式的对比

Spring 同时支持 setter 方法和构造方法两种注入方式。它们各有其优、缺点，开发中可以根据实际需求灵活选择。这两种方式的特点总结如下。

使用 setter 方法时，与传统的 JavaBean 写法更相似，程序开发人员更容易了解和接受。通过 setter 方法设定依赖关系显得更加直观和自然。对于复杂的依赖关系，如果采用构造方法注入，就会导致构造器过于笨重，难以阅读。尤其是在某些属性可选的情况下，多参数的构造器更加笨重。

使用构造方法注入可以在构造器中决定依赖关系的注入顺序，当某些属性的赋值操作有先后顺序时，这点尤为重要。对于依赖关系无须变化的 Bean，使用构造方法注入更有用处。如果没有 setter 方法，所有的依赖关系就全部在构造器内设定，后续代码不会对依赖关系产生破坏。依赖关系只能在构造器中设定，所以只有组件的创建者才能改变组件的依赖关系。对组件的调用者而言，组件内部的依赖关系完全透明，更符合高内聚的原则。

任务六 Spring IoC 容器

任务要求

本任务要求了解 Spring IoC 容器的基本知识。

任务实现

从上面的例子中，我们知道了 Spring IoC 容器的作用。它可以容纳我们所开发的各种 Bean，并且我们可以从中获取各种发布在 Spring IoC 容器里的 Bean，通过描述得到它，如图 3-6 所示。

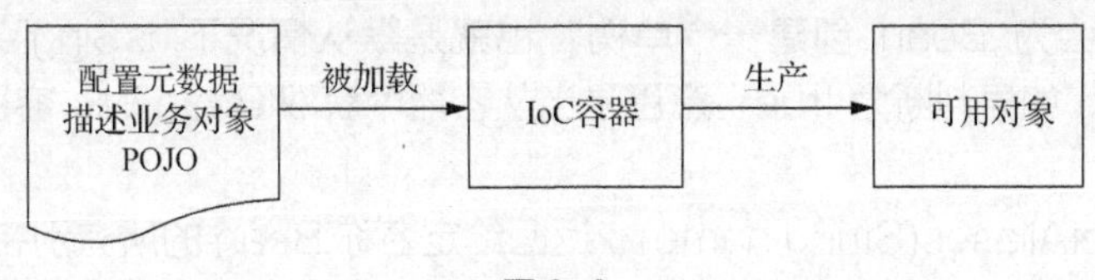

图 3-6

Spring IoC 容器是一个提供 IoC 支持的轻量级容器类，为管理对象之间的依赖关系提供了基础功能。Spring 为我们提供了两种容器：BeanFactory 和 ApplicationContext。

（1）org.springframework.beans.factory.BeanFactory：Bean 工厂，借助于配置文件能够实现对 JavaBean 的配置和管理，用于向用户提供 Bean 的实例。

（2）org springframework.context.ApplicationContext：ApplicationContext 构建在 Bean Factory 基础之上，提供了更多的实用功能。

（一）BeanFactory 介绍

BeanFactory 是 Spring IoC 容器的核心接口。作为制造 Bean 的工厂，BeanFactory 接口负责向容器的用户提供实例。其功能主要是完成容器管理对象的实例化，并根据预定的配置完成对象之间依赖关系的组装，最终向用户提供已完成装配的可用对象。Spring IoC 对容器管理对象没有任何要求，无须继承某个特定类或实现某些特定接口。这极大地提高了 IoC 容器的可用性。

```
package org.springframework.beans.factory;
import org.springframework.beans.BeansException;
public interface BeanFactory {
    String FACTORY_BEAN_PREFIX = "&";
    Object getBean(String name) throws BeansException;
    <T> T getBean(String name, Class<T> requiredType) throws BeansException;
    <T> T getBean(Class<T> requiredType) throws BeansException;
    Object getBean(String name, Object... args) throws BeansException;
    boolean containsBean(String name);
    boolean isSingleton(String name) throws NoSuchBeanDefinitionException;
    boolean isPrototype(String name) throws NoSuchBeanDefinitionException;
    boolean isTypeMatch(String name, Class<?> targetType) throws NoSuchBeanDefinitionException;
    Class<?> getType(String name) throws NoSuchBeanDefinitionException;
    String[] getAliases(String name);
}
```

BeanFactory 提供了 6 种极其简单的方法供客户调用。

（1）boolean containsBean(String beanName)：判断工厂中是否包含给定名称的 Bean 定义，如果有就返回 true。

（2）Object getBean(String)：返回给定名称注册的 Bean 实例。根据 Bean 的配置情况，如果是 singleton 模式（单例模式）就将返回一个共享实例，否则将返回一个新建的实例，如果没有找到指定 Bean，该方法就可能会抛出异常。

（3）Object getBean(String, Class)：返回以给定名称注册的 Bean 实例，并将其转换为给定 Class 类型。

（4）Class getType(String name)：返回给定名称 Bean 实例的 Class 类型，如果没有找到指定的 Bean 实例，就排除 NoSuchBeanDefinitionException 异常。

（5）boolean isSingleton(String name)：判断给定名称的 Bean 定义是否为单例模式。在默认情况下，Spring 会为 Bean 创建一个单例，也就是默认情况下 isSingleton 返回 true。而 isPrototype 则相反，如果判断为 true，意思是当从容器中获取 Bean 时，容器就生成了一个新的实例。

（6）String[ ] getAliases(String name)：返回给定名称 Bean 的所有别名。

（二）ApplicationContext 介绍

如果说 BeanFactory 是 Spring 的心脏，ApplicationContext 就是完整的躯体了。ApplicationContext 由 BeanFactory 派生而来，提供了更多面向实际应用的功能。在 BeanFactory 中很多功能需要以编程的方式实现，而在 ApplicationContext 中则可以通过配置实现。

BeanFactorty 接口提供了配置框架及基本功能，但是无法支持 Spring 的 AOP 功能和 Web 应用。而 ApplicationContext 接口作为 BeanFactory 接口的派生接口，提供了 BeanFactory 接口所有的功能。而且 ApplicationContext 接口还在功能上做了扩展，相较于 BeanFactorty 接口，ApplicationContext 接口还提供了以下的功能。

（1）MessageSource（国际化资源接口）：提供国际化的消息访问。

（2）ResourceLoader（资源访问接口）：如 URL 方式或文件方式加载文件资源。

（3）ApplicationEventPublisher（应用事件发布接口）：引入了事件机制，包括启动事件、关闭事件等，让容器在上下文中提供了对应用事件的支持。

在 ApplicationContext 接口的众多实现类中，有 3 个是我们经常用到的，并且使用这 3 个实现类也基本能满足我们在 Java EE 应用开发中的绝大部分需求。

（1）FileSystemXmlApplicationContext：从指定的文件系统路径中寻找指定的 XML 配置文件，找到并装载完成 ApplicationContext 的实例化工作。在这里，需要提供 XML 文件的完整路径。

```
//装载单个配置文件实例化 ApplicationContext 容器
ApplicationContext cxt = new FileSystemXMLApplicationContext("c:/beans1.xml");
//装载多个配置文件实例化 ApplicationContext 容器
String[] configs = {"c:/beans1.xml","c:/beans2.xml"};
ApplicationContext cxt = new FileSystemXmlApplicationContext(configs);
```

（2）ClassPathXmlApplicationContext：从类路径 ClassPath 中寻找指定的 XML 配置文件，找到并装载完成 ApplicationContext 的实例化工作。在这里，不需要提供 XML 文件的完整路径，只需正确配置 CLASSPATH 环境变量即可。容器会从 CLASSPATH 中搜索 Bean 配置文件。

```
//装载单个配置文件实例化 ApplicationContext 容器
ApplicationContext cxt = new ClassPathXmlApplicationContext("applicationContext.xml");
//装载多个配置文件实例化 ApplicationContext 容器
String[] configs = {"bean1.xml","bean2.xml","bean3.xml"};
ApplicationContext cxt = new ClassPathXmlApplicationContext(configs);
```

（3）XmlWebApplicationContext：从 Web 应用中的寻找指定的 XML 配置文件，找到并装载完成 ApplicationContext 的实例化工作。这是为 Web 工程量身定制的，使用 WebApplicationContextUtils 类的 getRequiredWebApplicationContext 方法可在 JSP 与 Servlet 中取得 IoC 容器的引用。

```
ServletContext servletContext = request.getSession().getServletContext();
ApplicationContext ctx = WebApplicationContextUtils.getWebApplicationContext(servletContext);
```

配置 WebApplicationContext 的两种方法如下。

（1）利用 Listener 接口来实现。

```
<listener>
     <listener-class>
    org.springframework.web.context.ContextLoaderListener
</listener-class>
</listener>
<context-param>
     <param-name>contextConfigLocation</param-name>
     <param-value>classpath:applicationContext</param-value>
</context-param>
```

（2）利用 Servlet 接口来实现。

```
<context-param>
  <param-name>contextConfigLocation</param-name>
  <param-value>classpath:applicationContext</param-value>
</context-param>
<Servlet>
      <servlet-name>context</servlet-name>
      <servlet-class>
         org.springframework.web.context.ContextLoaderServlet
      </servlet-class>
</servlet>
```

ApplicationContext 的初始化和 BeanFactory 的初始化有一个重大的区别：BeanFactory 在初始化容器时，并未实例化 Bean，直到第一次访问某个 Bean 时才实例化目标 Bean；而

ApplicationContext 在初始化上下文时就实例化所有单实例的 Bean。因此，ApplicationContext 的初始化时间比 BeanFactory 稍长一些，但程序后面获取 Bean 实例时将直接从缓存中调用，因此具有较好的性能。

任务七 项目小结

任务要求

本任务要求回顾本项目重要知识点。

任务实现

本项目首先简单介绍了 Spring 的体系结构；然后详细讲解了在 IntelliJ IDEA 中如何构建 Spring 的开发环境；最后以一个应用案例，介绍了 Spring 入门程序的开发流程。

任务八 拓展练习

任务要求

本任务通过一个实训案例加强对 Spring 框架的使用过程的掌握，同时加深对依赖注入和控制反转概念的理解。

任务实现

【实训】 编写 Web 界面，显示所有用户的信息。

（1）建立 Student 学生类。

```
package it.com;
public class Student {
    private String stuPwd, stuName;
    //此处省略 setter 和 getter 方法
}
```

（2）创建 dao 包。

在 StudentSpring 应用中创建 dao 包，并在该包中创建 UserDao 接口和接口的 UserDaoImpl 实现类。

① UserDao 接口代码。

```
package it.dao;
import it.domain.Student;
import java.util.List;
public interface UserDao {
   public List<Student> SelectAllUsers();
}
```

② UserDaoImpl 实现类的代码。

```
package it.dao;
import java.sql.ResultSet;
import java.util.ArrayList;
import java.util.List;
import org.springframework.stereotype.Repository;
import it.domain.Student;

public class UserDaoImpl implements UserDao {
    @Override
    public List<Student> SelectAllUsers() {
        DbDao dbDao = new DbDao("com.mysql.jdbc.Driver","jdbc:mysql://localhost:3306/test", "root",
"123456");
        ResultSet rs;
        List<Student> lst = new ArrayList<>();
        try {
            rs = dbDao.query("select * from login ");
            while (rs.next()) {
                Student student = new Student();
                student.setStuName(rs.getString("userName"));
                student.setStuPwd(rs.getString("userPass"));
                lst.add(student);
            }
            rs.close();
        } catch (Exception e) {
            e.printStackTrace();
        }
        return lst;
    }
}
```

（3）编写配置文件。

```
<bean id="student" class="it.domain.Student"></bean>
<bean id="userDao" class="it.dao.UserDaoImpl"></bean>
```

（4）编写 Login.jsp 页面。

```
<body>
<%!List<Student> lst;%>
<%
    ApplicationContext context = new ClassPathXmlApplicationContext("applicationContext.xml");
    UserDao userDao = (UserDao) context.getBean("userDao");
    lst = userDao.SelectAllUsers();
%>
<table border="2">
    <tr>
        <th>账号</th>
        <th>密码</th>
    </tr>
    <%
        for (Student stu : lst) {
    %>
    <tr>
        <td><%=stu.getStuName()%>
        </td>
        <td><%=stu.getStuPwd()%>
        </td>
```

```
    </tr>
    <%}%>
  </table>
  </body>
```

（5）运行结果，如图 3-7 所示。

账号	密码
zhangsan	123
lisi	234

图 3-7

课后练习

1. 填空题

（1）Spring 框架是一个__________容器，以__________模式作为核心，从而可以实现应用程序组件的__________结构，让应用程序组件容易进行测试。

（2）Spring 框架的两大核心是___________和___________。

2. 选择题

（1）下面关于 Spring 的说法中正确的是（　　）。（选择两项）

A. Spring 是一个重量级的框架

B. Spring 是一个轻量级的框架

C. Spring 是一个具有 IoC 和 AOP 功能的容器

D. Spring 是一个入侵式的框架

（2）Spring 各模块之间的关系是（　　）。（选择两项）

A. Spring 各模块之间是紧密联系、相互依赖的

B. Spring 各模块之间可以单独存在

C. Spring 的核心模块是必需的，其他模块基于核心模块

D. Spring 的核心模块不是必需的，可以不要

（3）Spring 核心模块的作用是（　　）。

A. 做 AOP 的　　B. 做 IoC 的，用来管理 Bean 的

C. 用来支持 Hibernate　　D. 用来支持 Struts 的

3. 简答题

什么是 Spring 框架？Spring 框架有哪些主要模块？

项目四

Spring 扩展

在企业实际应用中，大部分的企业框架都基于 Spring 框架。Spring 框架最为核心的理念是 IoC 和 AOP。其中，IoC 是 Spring 的基础，而 AOP 则是其重要的功能。其最为典型的应用当属数据库事务的使用。

课堂学习目标

- 掌握 Spring IoC 容器的大致设计
- 掌握 Spring IoC 的实现过程
- 掌握 Spring Bean 的生命周期

任务一 Spring 管理的 Bean

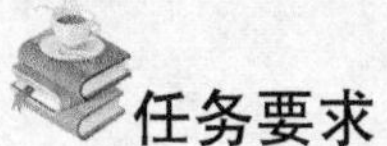

任务要求

本任务要求了解 Bean 的生命周期，知道如何在初始化和销毁 Bean 时加入自定义的方法，以满足特定需求。掌握 Spring 为 Bean 指定的各种作用域的功能。

任务实现

（一）Bean 的生命周期

Spring IoC 容器的本质目的就是为了管理 Bean。对于 Bean 而言，在容器中存在其生命周期。它的初始化和销毁也需要一个过程。在一些需要自定义的过程中，我们可以插入代码去改变它们的一些行为，以满足特定需求，这就需要使用到 Spring Bean 生命周期的知识。

图 4-1 展示了 Spring IoC 容器初始化和销毁 Bean 的过程。

若容器实现了流程图中涉及的接口，程序将按照图中流程进行。需要注意的是，这些接口并不是必须实现的，可根据自己开发中的需要灵活地进行选择，没有实现相关接口时，将略去流程图中的相关步骤。

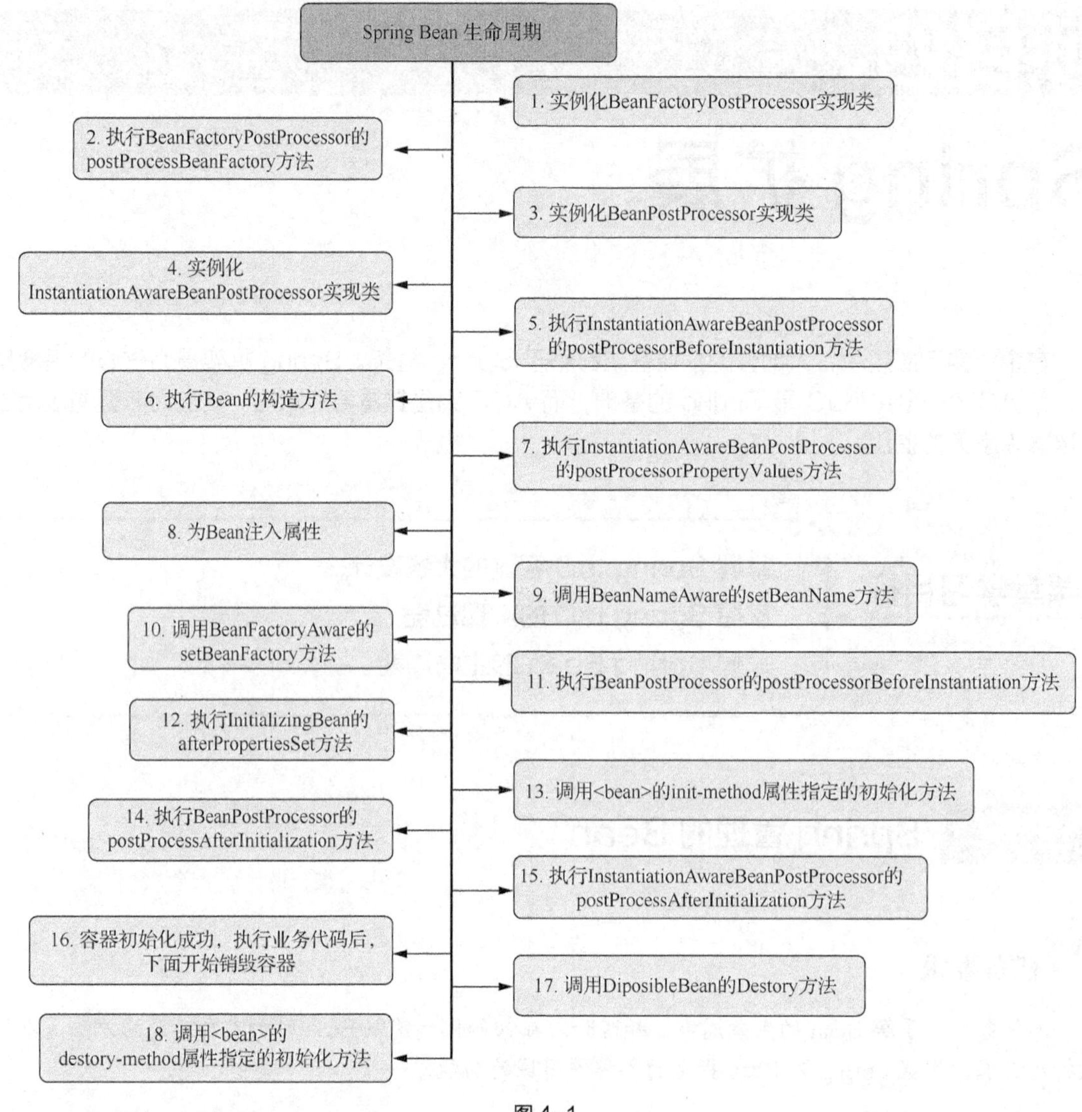

图 4-1

Bean 生命周期的执行过程如下。

（1）实例化一个 Bean，也就是我们通常所说的 new。

（2）按照 Spring 上下文对实例化的 Bean 进行配置，也就是 IoC 注入。

（3）如果这个 Bean 实现了 BeanNameAware 接口，Spring 就会调用它实现的 setBeanName(String beanId)方法，此处传递的是 Spring 配置文件中 Bean 的 id。

（4）如果这个 Bean 实现了 BeanFactoryAware 接口，Spring 就会调用它实现的 setBeanFactory()方法，此处传递的是 Spring 工厂本身（实现 BeanFactoryAware 的主要目的是获取 Spring 容器，执行如 Bean 通过 Spring 容器发布事件等任务）。

（5）如果这个 Bean 实现了 ApplicationContextAware 接口，Spring 就会调用 setApplicationContext (ApplicationContext)方法，输入 Spring 上下文，通过该方式同样可以实现（4）内容，但比（4）内容更合适，因为 ApplicationContext 是 BeanFactory 的子接口，有更多的实现方法。

（6）如果这个 Bean 实现了 BeanPostProcessor 接口，Spring 就将会调用 postProcess BeforeIni tialization(Object obj, String s)方法，其作用是在 Bean 实例创建成功后，对其进行增强处理，如对 Bean 进行修改，增加某个功能等。

（7）如果 Bean 实现了 InitializingBean 接口，Spring 就将调用 afterPropertiesSet()方法，作用与在配置文件中对 Bean 使用 init-method 声明初始化一样，都是在 Bean 的全部属性设置成功后执行的初始化方法。

（8）如果 Bean 实现了 BeanPostProcessor 接口，Spring 就将会调用 postAfterInitialization (Object obj, String s)方法，作用与（6）的内容一样，只不过（6）的内容是在 Bean 初始化前执行的，而这个是在 Bean 初始化后执行的，时机不同。注意，以上工作完成以后这个 Bean 就可以正常使用。这个 Bean 是单例的，所以一般情况下我们调用同一个 id 的 Bean 会得到相同的实例。

（9）经过以上工作后，Bean 将一直驻留在应用上下文中供应用者使用，直到应用上下文被销毁。

（10）如果 Bean 实现了 DispostbleBean 接口，Spring 就将调用它的 destory()方法，作用与在配置文件中对 Bean 使用 destory-method 属性一样，都是在 Bean 实例销毁前执行的方法。

Bean 的完整生命周期经历了各种调用方法，这些方法可以划分为以下几类。

（1）Bean 自身的方法：包括 Bean 本身调用的方法和通过配置文件中<bean>的 init-method 和 destroy-method 指定的方法。

（2）Bean 级生命周期接口方法：包括 BeanNameAware、BeanFactoryAware、Initializing Bean 和 DiposableBean 接口的方法。

（3）容器级生命周期接口方法：包括 InstantiationAwareBeanPostProcessor 和 BeanPost Processor 这两个接口的实现，一般称它们的实现类为“后处理器”。

【例 4-1】 演示 Spring Bean 的生命周期。

（1）编写测试 Bean。

在 SetterDI 应用中创建 entity 包，并在该包中创建 Student 类。

```
package it.com;
import org.springframework.beans.BeansException;
import org.springframework.beans.factory.BeanFactory;
import org.springframework.beans.factory.BeanFactoryAware;
import org.springframework.beans.factory.BeanNameAware;
import org.springframework.beans.factory.DisposableBean;
import org.springframework.beans.factory.InitializingBean;
public class StudentBean implements InitializingBean, DisposableBean, BeanNameAware, BeanFactoryAware {
    private String name, sex;
    private int age;
    private String beanName;// 实现了 BeanNameAware 接口，Spring 可以将 BeanName 注入该属性中
    private BeanFactory beanFactory;// 实现了 BeanFactory 接口，Spring 可将 BeanFactory 注入该属性中
    public StudentBean() {
        System.out.println("【Bean 构造方法】学生类的无参构造方法");
    }
    @Override
    public String toString() {
        String msString = String.format("StudentBean{ name=%s,age=%d,sex=%s }", name, age, sex);
        return msString;
    }
    public String getSex() {
        return sex;
```

```
        }
        public void setSex(String sex) {
            System.out.println("【set 注入】注入学生的 sex 属性");
            this.sex = sex;
        }
        public String getName() {
            return name;
        }
        public void setName(String name) {
            System.out.println("【set 注入】注入学生的 name 属性");
            this.name = name;
        }
        public int getAge() {
            return age;
        }
        public void setAge(int age) {
            System.out.println("【set 注入】注入学生的 age 属性");
            this.age = age;
        }
        // 自己编写的初始化方法
        public void myInit() {
            System.out.println("【init-method】调用 init-method 属性配置的初始化方法");
        }
        // 自己编写的销毁方法
        public void myDestroy() {
            System.out.println("【destroy-method】调用 destroy-method 属性配置的销毁方法");
        }
        @Override
        public void setBeanFactory(BeanFactory beanFactory) throws BeansException {
            this.beanFactory = beanFactory;
            System.out.println("【BeanFactoryAware 接口】调用 BeanFactoryAware 的 setBeanFactory 方法得到
beanFactory 引用");
        }
        @Override
        public void setBeanName(String name) {
            this.beanName = name;
            System.out.println("【BeanNameAware 接口】调用 BeanNameAware 的 setBeanName 方法得到 Bean 的名称
为：" + this.beanName);
        }
        @Override
        public void destroy() throws Exception {
            System.out.println("【DisposableBean 接口】调用 DisposableBean 接口的 destroy 方法");
        }
        @Override
        public void afterPropertiesSet() throws Exception {
            System.out.println("【InitializingBean 接口】调用 InitializingBean 接口的 afterPropertiesSet 方
法");
        }
    }
```

（2）实现 BeanPostProcessor 接口。

```
package it.com;
import org.springframework.beans.BeansException;
import org.springframework.beans.factory.config.BeanDefinition;
import org.springframework.beans.factory.config.BeanPostProcessor;
public class MyBeanPostProcessor implements BeanPostProcessor {
```

```
    public MyBeanPostProcessor() {
      System.out.println("【BeanPostProcessor 接口】调用 BeanPostProcessor 的构造方法");
    }
    @Override
    public Object postProcessBeforeInitialization(Object bean, String beanName) throws BeansException {
        System.out.println("【BeanPostProcessor 接口】调用 postProcessBeforeInitialization 方法，这里可对' + 
beanName + '的属性进行更改。");
        return bean;
    }
    @Override
    public Object postProcessAfterInitialization(Object bean, String beanName) throws BeansException {
        System.out.println("【BeanPostProcessor 接口】调用 postProcessAfterInitialization 方法，这里可对' + 
beanName + '的属性进行更改。");
        return bean;
    }
  }
```

（3）实现 InstantiationAwareBeanPostProcessor 接口。

为了编程方便，我们直接通过继承 Spring 中已经提供的一个实现了该接口的 InstantiationAwareBeanPostProcessorAdapter 适配器类来进行测试。

```
    package it.com;
    import org.springframework.beans.BeansException;
    import org.springframework.beans.factory.config.InstantiationAwareBeanPostProcessorAdapter;

    public class MyInstantiationAwareBeanPostProcessor extends InstantiationAwareBeanPostProcessor
Adapter {
        public MyInstantiationAwareBeanPostProcessor() {
    System.out.println("【InstantiationAwareBeanPostProcessor 接口】调用InstantiationAwareBean Post
Processor 构造方法");
        }

        //实例化 Bean 之前调用
        @Override
        public Object postProcessBeforeInstantiation(Class beanClass, String beanName) throws
BeansException {
            System.out.println("【InstantiationAwareBeanPostProcessor 接口】调用 InstantiationAware Bean
PostProcessor 接口的 postProcessBeforeInstantiation 方法");
            return null;
        }

        //实例化 Bean 之后调用
        @Override
        public Object postProcessAfterInitialization(Object bean, String beanName) throws BeansException {
            System.out.println("【InstantiationAwareBeanPostProcessor 接口】调用 InstantiationAware Bean
PostProcessor 接口的 postProcessAfterInitialization 方法");
            return bean;
        }
    }
```

（4）实现 BeanFactoryPostProcessor 接口。

```
    package it.com;
    import org.springframework.beans.BeansException;
    import org.springframework.beans.factory.config.BeanDefinition;
    import org.springframework.beans.factory.config.BeanFactoryPostProcessor;
```

```
import org.springframework.beans.factory.config.ConfigurableListableBeanFactory;

public class MyBeanFactoryPostProcessor implements BeanFactoryPostProcessor {

  public MyBeanFactoryPostProcessor() {
    System.out.println("【BeanFactoryPostProcessor 接口】调用 BeanFactoryPostProcessor 实现类构造方法");
  }

  /**
     * 重写 BeanFactoryPostProcessor 接口的 postProcessBeanFactory 方法，可通过该方法对 beanFactory 进行
设置
     */
    @Override
  public    void    postProcessBeanFactory(ConfigurableListableBeanFactory    beanFactory)    throws
BeansException {
    System.out.println("【BeanFactoryPostProcessor 接口】调用 BeanFactoryPostProcessor 接口的 post
ProcessBeanFactory 方法");
    BeanDefinition beanDefinition = beanFactory.getBeanDefinition("studentBean");
    beanDefinition.getPropertyValues().addPropertyValue("sex", "男");
  }
}
```

（5）编写 Spring 配置文件 applicationContext.xml。

```
<!--配置 Bean 的后置处理器 -->
    <bean id="beanPostProcessor" class="it.com.MyBeanPostProcessor"></bean>

<!--配置 instantiationAwareBeanPostProcessor -->
    <bean id="instantiationAwareBeanPostProcessor" class="it.com.MyInstantiationAwareBean Post
Processor">
    </bean>

<!--配置 BeanFactory 的后置处理器 -->
    <bean id="beanFactoryPostProcessor" class="it.com.MyBeanFactoryPostProcessor">
    </bean>

    <bean id="studentBean" class="it.com.StudentBean" init-method="myInit"
        destroy-method="myDestroy" scope="singleton">
        <property name="name" value="yanxiao"></property>
        <property name="age" value="21"></property>
    </bean>
```

（6）进行测试。

```
package it.com;
import org.springframework.context.ApplicationContext;
import org.springframework.context.support.ClassPathXmlApplicationContext;

public class TestCyclelife {
    public static void main(String[] args) {
        System.out.println("--------------【初始化容器】---------------");
        ApplicationContext context = new ClassPathXmlApplicationContext("applicationContext.xml");
        System.out.println("-------------------【容器初始化成功】------------------");
        // 得到 studentBean，并显示其信息
        StudentBean studentBean = context.getBean("studentBean",StudentBean.class);
        System.out.println(studentBean);
        System.out.println("--------------------【销毁容器】----------------------");
        ((ClassPathXmlApplicationContext) context).registerShutdownHook();
```

```
    }
}
```

（7）运行结果。

```
--------------【初始化容器】---------------
【BeanFactoryPostProcessor 接口】调用 BeanFactoryPostProcessor 实现类构造方法【BeanFactoryPostProcessor 接口】调用 BeanFactoryPostProcessor 接口的 postProcessBeanFactory 方法
【BeanPostProcessor 接口】调用 BeanPostProcessor 的构造方法【InstantiationAwareBeanPostProcessor 接口】调用 InstantiationAwareBeanPostProcessor 的构造方法
【InstantiationAwareBeanPostProcessor 接口】调用 InstantiationAwareBeanPostProcessor 接口的 postProcess-BeforeInstantiation 方法
【Bean 构造方法】学生类的无参构造方法
【set 注入】注入学生的 name 属性
【set 注入】注入学生的 age 属性
【set 注入】注入学生的 sex 属性
【BeanNameAware 接口】调用 BeanNameAware 的 setBeanName 方法得到 Bean 的名称为 studentBean
【BeanFactoryAware 接口】调用 BeanFactoryAware 的 setBeanFactory 方法得到 beanFactory 引用
【BeanPostProcessor 接口】调用 postProcessBeforeInitialization 方法，这里可对 studentBean 的属性进行更改
【InitializingBean 接口】调用 InitializingBean 接口的 afterPropertiesSet 方法
【init-method】调用 init-method 属性配置的初始化方法
【BeanPostProcessor 接口】调用 postProcessAfterInitialization 方法，这里可对 studentBean 的属性进行更改
【InstantiationAwareBeanPostProcessor 接口】调用 InstantiationAwareBeanPostProcessor 接口的 postProcess AfterInitialization 方法
-------------------【容器初始化成功】------------------
StudentBean{ name=yanxiao,age=21,sex=男 }
--------------------【销毁容器】----------------------
【DisposableBean 接口】调用 DisposableBean 接口的 destroy 方法
【destroy-method】调用 destroy-method 属性配置的销毁方法
```

（二）Bean 的作用域

容器最重要的任务是创建并管理 Bean 的生命周期，创建 Bean 之后，需要了解 Bean 在容器中是如何在不同的作用域下工作的。

Bean 的作用域就是 Bean 实例的生存空间或有效范围，Spring 为 Bean 实例定义了 5 种作用域来满足不同情况下的应用需求，具体如下。

① singleton（单例）作用域：每个 Spring IoC 容器返回一个 Bean 实例。

② prototype（原型）作用域：当每次请求时返回一个新的 Bean 实例。

③ request（请求）作用域：返回每个 HTTP 请求的一个 Bean 实例。

④ session（会话）作用域：返回每个 HTTP Session 的一个 Bean 实例。

⑤ global session（全局会话）作用域：返回全局 HTTP Session 的一个 Bean 实例。

request、session 和 global session 作用域是针对 WebApplicationContext 上下文的，即只对 Web 项目可用；而 singleton 和 prototype 两个作用域适用于所有类型的应用。下面对这 5 个作用域进行具体介绍。

1. singleton 作用域

singleton 作用域用于提供单例的 Bean 对象，对于 singleton 作用域的 Bean，Spring IoC 容器只会创建一个该 Bean 的实例。这个唯一实例会被缓存起来，Spring IoC 容器收到的所有针对该 Bean 的后续请求和引用都将直接返回到缓存中的实例，而不会再创建新的实例。可通过以下格式来设置 Bean 的作用域为 singleton。

```
<bean id="stu" class="it.entity.Student" scope="singleton">
```

```
        <property name="stuId" value="20080809"></property>
        <property name="stuName" value="zhangsan"></property>
        <property name="stuAge" value="20"></property>
    </bean>
```

实际上，Bean 的默认作用域就是 singleton，因此上述代码中中可以不必指定 scope="singleton"。

【例 4-2】 演示 singleton 作用域。

将【例 3-3】中的 SetterDI 复制并命名为 SetterDISingleton，然后导入到开发环境中。在项目的 main 方法中测试 singleton 作用域，代码如下。

```
package it.test;
import org.springframework.context.ApplicationContext;
import org.springframework.context.support.ClassPathXmlApplicationContext;
import it.entity.Student;
import it.service.StudentService;
public class Test {
    public static void main(String[] args) {
        ApplicationContext applicationContext = new ClassPathXmlApplicationContext("application
Context.xml");
        Student stu = (Student) applicationContext.getBean("stu");
        Student stu1 = (Student) applicationContext.getBean("stu");
        StudentService stuService = (StudentService) applicationContext.getBean("stuService");
        System.out.println("输出 stu 学生的信息");
        stuService.showInfo(stu);
        System.out.println("输出 stu1 学生的信息");
        stuService.showInfo(stu1);
        System.out.println("修改 stu 学生的信息");
        stu.setStuId("20070810");
        stu.setStuAge(59);
        System.out.println("输出 stu 学生的信息");
        stuService.showInfo(stu);
        System.out.println("输出 stu1 学生的信息");
        stuService.showInfo(stu1);
    }
}
```

程序运行结果如下。

```
输出 stu 学生的信息
学生的学号：20080809,学生的姓名：zhangsan,学生的年龄：20
输出 stu1 学生的信息
学生的学号：20080809,学生的姓名：zhangsan,学生的年龄：20
修改 stu 学生的信息
输出 stu 学生的信息
学生的学号：20070810,学生的姓名：zhangsan,学生的年龄：59
输出 stu1 学生的信息
学生的学号：20070810,学生的姓名：zhangsan,学生的年龄：59
```

从输出的运行结果可以看出，程序两次从 IoC 容器中获取到的是同一个实例。

2. prototype 作用域

每次通过 Spring 容器获取 prototype 定义的 Bean 时，容器都将创建一个新的 Bean 实例，每个 Bean 实例都有自己的属性和状态，而 singleton 作用域全局只有一个对象。根据经验，对有状态的 Bean 使用 prototype 作用域，而对无状态的 Bean 使用 singleton 作用域。

【例 4-3】 演示 prototype 作用域。

将【例 3-3】的 SetterDI 复制并命名为 SetterDIProtype，然后导入到开发环境中。在项目的

main 方法中测试 prototype 作用域，代码如下。

```
<bean id="stu" class="it.entity.Student" scope="prototype">
   <property name="stuId" value="20080809"></property>
   <property name="stuName" value="zhangsan"></property>
   <property name="stuAge" value="20"></property>
</bean>
```

程序运行结果如下。

```
输出 stu 学生的信息
学生的学号：20080809,学生的姓名：zhangsan,学生的年龄：20
输出 stu1 学生的信息
学生的学号：20080809,学生的姓名：zhangsan,学生的年龄：20
修改 stu 学生的信息
输出 stu 学生的信息
学生的学号：20070810,学生的姓名：zhangsan,学生的年龄：59
输出 stu1 学生的信息
学生的学号：20080809,学生的姓名：zhangsan,学生的年龄：20
```

从输出的运行结果中可以看出，程序两次从 IoC 容器中获取到的是两个不同的实例。

对于使用 singleton 作用域的 Bean，每次请求该 Bean 都将获得相同的实例。容器负责跟踪 Bean 实例的状态，负责维护 Bean 实例的生命周期行为；如果一个 Bean 被设置成 prototype 作用域，程序每次请求该 id 的 Bean，Spring 就都会新建一个 Bean 实例，然后返回给程序。在这种情况下，Spring 容器仅仅使用 new 关键字创建 Bean 实例，一旦创建成功，容器就不再跟踪实例，也不会维护 Bean 实例的状态。如果不指定 Bean 的作用域，Spring 就默认使用 singleton 作用域。

Java 在创建 Bean 实例时，需要进行内存申请；销毁实例时，需要完成垃圾回收，这些工作都会导致系统开销的增加。可见，使用 prototype 作用域的 Bean 的创建、销毁代价比较大，而使用 singleton 作用域的 Bean 实例一旦创建成功，可以重复使用。因此，除非必要，否则尽量避免将 Bean 设置成 prototype 作用域。

3. request 作用域

当一个 Bean 的作用域为 request 时，表示在一次 HTTP 请求中，一个 Bean 定义对应一个实例；即每个 HTTP 请求都会有各自的 Bean 实例，依据某个 Bean 定义创建而成。该作用域仅在基于 Web 的 Spring ApplicationContext 情形下有效。考虑如下所示的 Bean 定义代码。

```
<bean id="stu" class="it.entity.Student" scope="request"/>
```

针对每次 HTTP 请求，Spring 容器会根据 Student Bean 的定义创建一个全新的 Student Bean 的实例，且该实例仅在当前 HTTP request 内有效。可以根据需要放心地更改所建实例的内部状态，而其他请求中根据 Student Bean 定义创建的实例，将不会看到这些特定于某个请求的状态变化。当处理请求结束后，使用 request 作用域的 Bean 实例将被销毁。

4. session 作用域

当一个 Bean 的作用域为 session 时，表示在一个 HTTP Session 中，一个 Bean 定义对应一个实例。该作用域仅在基于 Web 的 Spring ApplicationContext 情形下有效。考虑如下所示的 Bean 定义代码。

```
< bean id="stu" class="it.entity.Student" scope="session"/>
```

针对某个 HTTP Session，Spring 容器会根据 Student 定义创建一个全新的 Student Bean 实例，且该 Bean 仅在当前 HTTP Session 内有效。与 request 作用域一样，可以根据需要放心地更改所创建实例的内部状态，而别的 HTTP Session 中根据 Student 创建的实例，将不会看到这些特定于某个 HTTP Session 的状态变化。当 HTTP Session 最终被废弃时，在该 HTTP

Session 作用域内的 Bean 也会被废弃掉。

5. global session 作用域

当一个 Bean 的作用域为 global session 时，表示在一个全局的 HTTP Session 中，一个 Bean 定义对应一个实例。典型情况下，仅在使用 portlet context 时有效，该作用域仅在基于 Web 的 Spring ApplicationContext 情形下有效。考虑下面的 Bean 定义代码。

```
< bean id="stu" class="it.entity.Student" scope="globalSession"/>
```

global session 作用域类似于标准的 HTTP session 作用域，不过仅仅在基于 portlet 的 Web 应用中才有意义。portlet 规范定义了全局 session 的概念，它被所有构成某个 portlet Web 应用的各种不同的 portlet 所共享。在作用域中定义的 Bean 被限定于全局 portlet session 的生命周期范围内。

任务二 Bean 的装配方式

任务要求

本任务要求掌握 Bean 的各种装配方式。

任务实现

Bean 的装配可以理解为将 Bean 依赖注入到 Spring 容器中，Bean 的装配方式即 Bean 依赖注入的方式。Spring 容器支持基于 XML 配置的装配、基于注解的装配及自动装配等多种装配方式。

（一）Spring 配置 Bean 的 XML 方式

基于 XML 配置的装配方式历史悠久，曾经是主要的装配方式。通过前面的学习，我们知道 Spring 提供了两种基于 XML 配置的装配方式，即使用构造方法注入和使用属性的 setter 方法注入。

在 Spring 的配置文件中规定了自己的 XML 文件格式，定义了一套用于 Bean 装配的标记，具体如下。

① beans 标记：整个配置文件的根节点，包括一个或多个 Bean 元素。

② bean 标记：定义一个 Bean 的实例化信息，其中 class 属性指定全类名，id 或 name 属性指定生成的 Bean 实例名称，scope 属性用来设定 Bean 实例的生成方式。Bean 实例的依赖关系可通过 property 和 constructor-arg 子标记来定义。

③ constructor-arg 标记：bean 标记的子标记，用以输入构造函数进行实例化。该标记的 index 属性指定构造参数的序号（从 0 开始），type 属性指定构造参数的类型，参数值可通过 ref 属性或 value 属性直接指定，也可通过 ref 或 value 子标记指定。

④ property 标记：bean 标记的子标记，用于调用 Bean 实例中的 set 方法完成属性值的赋值，从而完成依赖注入。其 name 属性指定 Bean 实例中相应属性的名称，属性值可通过 ref 属性或 value 属性直接指定。

⑤ ref 标记：作为 property、constructor-arg 等标记的子标记，其 bean 属性用于指定对 Bean 工厂中某个 Bean 实例的引用。

⑥ value 标记：作为 property、constructor-arg 等标记的子标记，用于直接指定一个常量值。

⑦ list 标记：用于封装 List 或数组类型属性的依赖注入。

⑧ set 标记：用于封装 Set 类型属性的依赖注入。

⑨ map 标记：用于封装 Map 类型属性的依赖注入。

⑩ entry 标记：通常作为 map 标记的子标记，用于设置一个键值对。其 key 属性指定字符串类型的键，ref 或 value 子标记指定值。

【例 4-4】 演示基于 XML 配置的装配方式。

（1）在项目下创建 UserInfo 类和 Role 类。

```
package it.com;
import java.util.Random;
public class UserInfo {

    private String userName;
    private String password;

    //此处省略了 get 和 set 方法

    public UserInfo(String userName, String password) {
        this.userName = userName;
        this.password = password;
    }

    public UserInfo() {
        this.password = String.valueOf(new Random().nextInt(100));
    }

    @Override
    public String toString() {
        // TODO Auto-generated method stub
        return String.format("%s 的密码是%s", this.userName, this.password);
    }
}

package it.com;
public class Role {
    private int id;
    private String roleName;

    //此处省略了 get 和 set 方法

    public Role() {
        super();
    }
}
```

（2）在包中定义一个包括不同数据类型的属性、初始化方法和销毁方法等的 UserRole Assembly 类，代码如下。

```
package it.com;

import java.util.List;
import java.util.Map;
import java.util.Map.Entry;
```

```
import java.util.Set;

public class UserRoleAssembly {
//简单值的装配
    private int id;
    private List myList1, myList2;
    private Set mySet;
    private Map myMap;
//复杂值的装配
    private List<Role> lstRole;
    private Map<Role, UserInfo> mapRoleUser;
    private Set<Role> setRole;

    //此处省略了 get 和 set 方法

    public void init() {
        System.out.println("UserRoleAssembly 类的初始化方法 init 被调用");
    }

    public void destroy() {
        System.out.println("UserRoleAssembly 类的撤销方法 destroy 被调用");
    }

    public void show() {
        System.out.println("原型模式");
        for (Object object : myList1) {
            UserInfo userInfo = (UserInfo) object;
            System.out.println(userInfo.toString());
        }
        System.out.println();
        System.out.println("单例模式");
        for (Object object : myList2) {
            UserInfo userInfo = (UserInfo) object;
            System.out.println(userInfo.toString());
        }

        System.out.println();
        System.out.println("简单值类型注入 set 集合");
        for (Object obj : mySet) {
            if (obj instanceof UserInfo) {
               System.out.println(((UserInfo) obj).getUserName() + "正在学习：");
            } else
               System.out.println(String.format("%-4s", obj));
        }

        System.out.println();
        System.out.println("简单值类型注入 map 集合");
        for (Object key : myMap.keySet()) {

            System.out.println(key.toString() + ":" + myMap.get(key));
        }

        System.out.println();
        System.out.println("复杂值类型注入 list 集合");
        for (Role role : lstRole) {
```

```
                System.out.println(role.getRoleName());
            }
            System.out.println();
            System.out.println("复杂值类型注入 map 集合");
            for (Entry<Role, UserInfo> entry : mapRoleUser.entrySet()) {
                System.out.println(String.format("角色: %s 人员信息: %s", entry.getKey().getRoleName(),
entry.getValue().toString()));
            }
            System.out.println();
            System.out.println("复杂值类型注入 set 集合");
            for (Role role : setRole) {
                System.out.println(String.format("id:%d,rolename:%s",    role.getId(),    role.getRole
Name()));
            }
        }
    }
```

（3）编写配置文件 applicationContext.xml。

```
    <!--使用设值的方式装配 Userlnfo 实例，原型模式 -->

        <bean id="user1" class="it.com.UserInfo" scope="prototype">
            <property name="userName" value="zhangsan" />
        </bean>

        <!--使用设值的方式装配 Users 实例，单例模式 -->

        <bean id="user2" class="it.com.UserInfo">
            <property name="userName" value="lisi"/>

        </bean>

        <!--使用构造的方式装配 Users 实例，单例模式 -->
        <bean id="user3" class="it.com.UserInfo">
            <constructor-arg index="0" value="wangwu" />
            <constructor-arg index="1" value="123456" />
        </bean>

        <bean id="role1" class="it.com.Role">
            <property name="id" value="1" />
            <property name="roleName" value="警察" />

        </bean>

        <bean id="role2" class="it.com.Role">
            <property name="id" value="2" />
            <property name="roleName" value="小偷" />
        </bean>

        <!--使用单实例模式装配 XmlBeanAssemble 实例 -->

        <bean id="xba" class="it.com.UserRoleAssembly"
            destroy-method="destroy" init-method="init">
            <property name="id" value="1"></property>
            <!--注入 list 类型 -->
            <property name="myList1">
                <list>
```

```
                <ref bean="user1" />
                <ref bean="user1" />
            </list>
        </property>

        <property name="myList2">
            <list>
                <ref bean="user2" />
                <ref bean="user2" />
            </list>
        </property>

        <!--注入 set 类型 -->
        <property name="mySet">
            <set>
                <ref bean="user3" />
                <value>Java</value>
                <value>C#</value>
            </set>
        </property>

        <property name="myMap">
            <map>
                <entry key="Struts2" value="支持 MVC 模式"></entry>
                <entry key="Spring3" value="充当组件间的黏合剂"></entry>
            </map>
        </property>

        <property name="lstRole">
            <list>
                <ref bean="role1"></ref>
                <ref bean="role2"></ref>
                <ref bean="role2"></ref>
            </list>

        </property>

        <property name="mapRoleUser">
            <map>
                <entry key-ref="role1" value-ref="user1"></entry>
                <entry key-ref="role2" value-ref="user2"></entry>
                <entry key-ref="role2" value-ref="user1"></entry>
            </map>
        </property>

        <property name="setRole">
            <set>
                <ref bean="role1"></ref>
                <ref bean="role2"></ref>
                <ref bean="role2"></ref>
            </set>
        </property>
    </bean>
```

（4）编写 TestXmlAssembly 测试类。

```
public class TestXmlAssembly {
```

```
    public static void main(String[] args) {
        ApplicationContext applicationContext = new ClassPathXmlApplication Context("application
Context.xml");
        UserRoleAssembly assembly = (UserRoleAssembly) applicationContext.getBean("xba");
        assembly.show();
        assembly.destroy();
    }
}
```

（5）运行结果。

```
UserRoleAssembly 类的初始化方法 init 被调用
原型模式
zhangsan 的密码是 59
zhangsan 的密码是 46

单例模式
lisi 的密码是 70
lisi 的密码是 70

简单值类型注入 set 集合
wangwu 正在学习：
Java
C#

简单值类型注入 map 集合
Struts2:支持 MVC 模式
Spring3:充当组件间的黏合剂

复杂类型注入 list 集合
警察
小偷
小偷

复杂类型注入 map 集合
角色：警察  人员信息：zhangsan 的密码是 67
角色：小偷  人员信息：zhangsan 的密码是 86

复杂类型注入 set 集合
id:1,rolename:警察
id:2,rolename:小偷
UserRoleAssembly 类的撤销方法 destroy 被调用
```

（二）Spring 配置 Bean 的注解方式

通过上面的学习，我们已经知道如何使用 XML 的方式去装配 Bean。但是现在已经不再推荐使用 XML 的方式去装配 Bean，更多时候会考虑使用注解（Annotation）的方式去装配 Bean。使用注解的方式可以减少 XML 的配置，注解功能更为强大，既能实现 XML 的功能，又提供了自动装配的功能。采用了自动装配后，程序员所需要做的决断就少了，这更加有利于对程序的开发，程序的开发过程遵循了“约定优于配置”的开发原则。

Spring 中定义的几种注解具体如下。

① @Component 注解：@Component 注解是一个泛化的概念，仅仅标识一个组件（Bean），可以作用在任何层次。

② @Repository 注解：@Repository 注解用于将数据访问层（DAO 层）的类标识为 Spring 的 Bean。

③ @Service 注解：@Service 注解通常作用在业务层，但是目前该功能与@Component 注解相同。

④ @Controller 注解：@Controller 注解标识表示层组件，但是目前该功能与@Component 注解相同。

通过在类上使用以上 4 个注解，Spring 会自动创建相应的 BeanDefinition 对象，并注册到 ApplicationContext 中。这些类就成了 Spring 受管组件。

① @Autowired 注解：用于对 Bean 的属性变量、属性的 set 方法及构造函数进行标注，配合对应的注解处理器完成 Bean 的自动配置工作。@Autowired 注解默认按照 Bean 类型进行装配。@Autowired 注解加上@Qualifier 注解，可直接指定一个 Bean 实例名称来进行装配。

② @Resource 注解：作用相当于@Autowired 注解，配置对应的注解处理器完成 Bean 的自动配置工作。区别在于@Autowired 注解默认按照 Bean 类型进行装配，@Resource 注解默认按照 Bean 实例名称进行装配。@Resource 注解包括 name 和 type 两个重要属性。Spring 将 name 属性解析为 Bean 实例的名称，将 type 属性解析为 Bean 实例的类型。如果指定 name 属性，就按照 Bean 的实例名称进行装配；如果指定 type 属性，就按照 Bean 的类型进行装配。如果不指定 name 和 type 属性，就按照 Bean 的实例名称进行装配；如果不能匹配 Bean 的实例名称，就再按照 Bean 的类型进行装配；如果都无法匹配，就抛出 NoSuchBeanDefinitionException 异常。

③ @Qualifier 注解：与@Autowired 注解配合，将默认将按 Bean 的类型装配进行修改为按 Bean 的实例名称进行装配，Bean 的实例名称由@Qualifier 注解的参数指定。

微课：基于 Annotation 配置的装配方式

【例 4-5】 演示基于 Annotation 配置的装配方式。

（1）创建 entity 层。

在应用程序 AnnotationAssemble 的 src 中创建 it.entity 包，在该包下创建 Bean 的 Student 实现类，代码如下。

```
package it.entity;
import org.springframework.beans.factory.annotation.Value;
import org.springframework.stereotype.Component;
@Component( " student " )
public class Student {
    @Value( " 20180809 " )
    private String stuId;
    @Value( " 张三 " )
    private String stuName;
    @Value( " 19 " )
    private int stuAge;
    //此处省略所有的 setter 和 getter 方法
    @Override
    public String toString() {
        return String.format( " 学生学号:%s\t 学生姓名: %s\t 学生年龄:%d " , stuId, stuName, stuAge);
    }
}
```

（2）创建 dao 包。

在该应用中创建 dao 包，并在该包中创建 StudentDao 接口和接口的 StudentDaoImpl 实现类。

StudentDaoImpl 实现类的代码如下。

```
package it.dao;
import org.springframework.stereotype.Repository;
import it.entity.Student;

@Repository("studentDaoImpl")
public class StudentDaoImpl implements StudentDao {
    @Override
    public String getStuInfo(Student student) {
        String msString = String.format("学生的学号:%s,学生的姓名:%s,学生的年龄:%d", student.getStuId(),
student.getStuName(),    student.getStuAge());
        return msString;
    }
}
```

（3）创建 service 包。

在应用中创建 service 包，并在该包中创建 StudentService 接口和接口的 StudentDaoImpl 实现类。

StudentServiceImpl 实现类的代码如下。

```
package it.service;
import javax.annotation.Resource;
import org.springframework.stereotype.Service;
import it.dao.StudentDao;
import it.entity.Student;

@Service("studentServiceImpl")
public class StudentServiceImpl implements StudentService {
    @Resource(name = "studentDaoImpl")
    private StudentDao dao;
    public StudentServiceImpl() {
        super();
    }
    @Override
    public void showInfo(Student stu) {
        String msString = dao.getStuInfo(stu);
        System.out.println(msString);
    }
}
```

（4）编写配置文件。

在 src 根目录下创建 Spring 配置文件 applicationContext.xml，因为 Spring 容器并不知道去哪里扫描 Bean 对象，需要在配置文件中配置注解，配置文件的具体代码如下。

```
<!-- 通过 Spring 扫描指定包 it 及其子包下所有 Bean 的实现类，并进行注解 -->
<context:component-scan base-package="it"></context:component-scan>
```

（5）创建 test 包。

在应用中创建 test 包，并在该包中创建 Test 测试类。

```
package it.test;
import org.springframework.context.ApplicationContext;
import org.springframework.context.support.ClassPathXmlApplicationContext;
import it.entity.Student;
import it.service.StudentService;

public class Test {
```

```
        public static void main(String[] args) {
            ApplicationContext applicationContext=newClassPathXmlApplicationContext("applicationContext.
xml");
            Student stu=(Student) applicationContext.getBean("student");
            StudentService stuService=(StudentService)applicationContext.getBean("student ServiceImpl");
            System.out.println("输出 stu 学生的信息");
            stuService.showInfo(stu);
            System.out.println("修改 stu 学生的信息");
            stu.setStuId("20180810");
            stu.setStuAge(20);
            System.out.println("输出 stu 学生的信息");
            stuService.showInfo(stu);
        }
    }
```

（6）运行程序，输出结果。

```
输出 stu 学生的信息
学生的学号：20180809,学生的姓名：张三,学生的年龄：19
修改 stu 学生的信息
输出 stu 学生的信息
学生的学号：20180810,学生的姓名：张三,学生的年龄：20
```

在前面的介绍中，我们谈到了@Autowired 注解，它可以完成一些自动装配的功能，并且使用方式十分简单，但是有时候并不能使用这样的方式。这一切的根源来自于按类型注入的依赖注入方式，按照 Spring 的建议，在大部分情况下会使用接口编程，但是定义一个接口，并不一定只有与之对应的一个实现类。换句话说，一个接口可以有多个实现类，这个时候 Spring IoC 容器就会无法判断把哪个对象注入进去，于是就会抛出异常，这样@Autowired 注解注入就失败了。

正如上面所谈及的歧义性，一个重要的原因是 Spring 在寻找依赖注入的时候采用了按类型注入。除了按类型查找 Bean 外，Spring IoC 容器最底层的接口 BeanFactory 也定义了按名称查找的方法。如果采用按名称查找的方法，就可以消除歧义性了。@Qualifier 就是这样一个注解。

【例 4-6】 演示基于消除自动装配歧义性的方式

将【例 4-5】中的 AnnotationAssemble 项目复制并命名为 AutowiredAnnotation，然后导入到开发环境中。

（1）修改 dao 包。

在该包中创建接口的 StudentDaoImpl2 实现类，同样继承 StudentDao 接口。

StudentDaoImpl2 实现类的代码如下。

```
    package it.dao;
    import org.springframework.stereotype.Repository;
    import it.entity.Student;

    @Repository("studentDaoImpl2")
    public class StudentDaoImpl2 implements StudentDao {

        @Override
        public String getStuInfo(Student student) {
          String msString = String.format("这是第二种实现方法\n %s 的学号：%s,%s 的年龄：%d",
student.getStuName(),student.getStuId(),student.getStuName(),student.getStuAge());
          return msString;
        }
    }
```

（2）创建 service 包。

在应用中创建 service 包，并在该包中创建 StudentService 接口和接口的 StudentServiceImpl 实现类，其中 StudentServiceImpl 实现类需要通过自动装配的方式完成依赖注入。

StudentServiceImpl 实现类的代码如下。

```
package it.service;
import org.springframework.beans.factory.annotation.Autowired;
import org.springframework.beans.factory.annotation.Qualifier;
import org.springframework.stereotype.Service;
import it.dao.StudentDao;
import it.entity.Student;

@Service("studentServiceImpl")
public class StudentServiceImpl implements StudentService {
    @Autowired
    @Qualifier("studentDaoImpl2")
    private StudentDao dao;

    public StudentServiceImpl() {
        super();
    }
    @Override
    public void showInfo(Student stu) {
        String msString = dao.getStuInfo(stu);
        System.out.println(msString);
    }
}
```

（3）再次运行程序，输出结果。

```
输出 stu 学生的信息
这是第二种实现方法
张三的学号：20180809,张三的年龄：19
修改 stu 学生的信息
输出 stu 学生的信息
这是第二种实现方法
张三的学号：20180810,张三的年龄：20
```

通过扫描和自动装配，大部分工程都可以用 Java 配置完成，而不用 XML，这样可以有效地减少配置和引入大量 XML，解决了在 Spring 3 之前的版本中需要大量 XML 配置的问题，这些问题曾被许多开发者所诟病。由于目前注解已经成为 Spring 开发的主流，但是请注意并不是全部配置都可以用注解的方式去实现，如那些公共资源的配置，又或者一些类来自第三方的类，而不是我们系统开发的配置文件，这时利用 XML 的方式来完成会更加明确一些，因此目前企业所流行的方式是以注解为主，以 XML 为辅。

任务三 Bean 的实例化

任务要求

本任务要求掌握 Bean 的 3 种实例化方法。

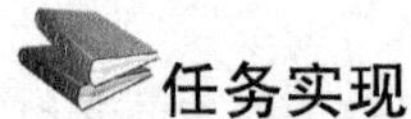

任务实现

在面向对象的程序中，如果要使用某个对象，就需要先实例化这个对象。同样地，在 Spring 中，要想使用容器中的 Bean，也需要实例化 Bean。实例化 Bean 有 3 种方式，分别是构造器实例化、静态工厂实例化和实例工厂实例化。

（一）构造器实例化

构造器实例化是实例化 Bean 最简单的方式。Spring IoC 容器既能使用默认空构造器创建 Bean，又能使用有参数的构造器创建 Bean。这种实例化的方式可能在我们平时的开发中用得最多，因为在 XML 文件中的 Bean 配置简单并且也不需要额外的工厂类来实现。

（二）静态工厂实例化

根据这个实例化方式的名称就可以知道，要想通过这种方式进行实例化 Bean 就要具备两个条件：首先要有工厂类及其工厂方法；其次工厂方式是静态的。

使用这种方式除了要指定必需的 class 属性外，还要指定 factory-method 属性。而且使用该方式也允许指定参数，spring IoC 容器将调用此属性指定的方式来获取 Bean。

【例 4-7】 演示基于静态工厂实例化的方式。

（1）新建项目 StaticFactory，创建 Student 实体类。

（2）创建 StudentServiceFactory 工厂类，实现类的代码如下。

```
public class StudentServiceFactory {
    @Resource(name = "student")
    private static Student student;
    public static Student createStudentServiceBean()
    {
       student=new Student();
       return  student;
    }
}
```

（3）配置 spring 配置文件。

（4）id 是实例化对象的名称，class 是工厂类，也就是实现实例化类的静态方式所属的类，factory-method 是实现实例化类的静态方式。

```
<bean id="stuFactory" class="it.com.StudentServiceFactory" factory-method="createStudentServi ceBean">
</bean>
```

（5）编写测试文件。

```
public class Test {
    public static void main(String[] args) {
        ApplicationContext  applicationContext  =  new  ClassPathXmlApplicationContext("application
Context.xml");
        Student stu = (Student) applicationContext.getBean("stuFactory");
        stu.setStuName("张三");
        stu.setStuPwd("123");
        System.out.println("输出 stu 学生的信息");
        System.out.println(stu.toString());
    }
}
```

（三）实例工厂实例化

使用这种方式不能指定 class 属性，此时必须使用 factory-bean 属性来指定工厂 Bean，使用 factory-method 属性指定实例化 Bean 的方式，而且使用实例工厂方式允许指定参数，方式和使用构造器实例化方式一样。

【例 4-8】 演示基于实例工厂实例化的方式。

（1）新建项目 InstancesFactory，创建 Student 实体类。

（2）创建 StudentServiceFactory 工厂类，实现类的代码如下。

```
public class StudentServiceFactory {
    @Resource(name = "student")
    private  Student student;
    public   Student createStudentServiceBean(String userName,String userPwd)
    {
      this.student=new Student(userName,userPwd);
      return  student;
    }
}
```

（3）配置 spring 配置文件。

这里需要配置两个 bean：第一个 bean 使用构造器方式实例化工厂类；第二个 bean 中的 id 是实例化对象的名称，factory-bean 对应被实例化的工厂类的对象名称，也就是第一个 bean 的 id，factory-method 是非静态工厂方式。

```
<bean id="studentServiceFactory" class="it.com.StudentServiceFactory"></bean>
<bean  id="stuFactory"  factory-bean="studentServiceFactory"  factory-method="createStudent  Service
Bean">
         <constructor-arg name="userName" value="张三"> </constructor-arg>
         <constructor-arg name="userPwd" value="123"> </constructor-arg>
</bean>
```

（4）编写测试文件。

```
public class Test {
    public static void main(String[] args) {
        ApplicationContext  applicationContext  =  new  ClassPathXmlApplicationContext("application
Context.xml");
        Student stu = (Student) applicationContext.getBean("stuFactory");
        System.out.println("输出 stu 学生的信息");
        System.out.println(stu.toString());
    }
}
```

3 种实例化方式的区别如下。

（1）构造器实例化：通过无参构造的方法实例化 Bean，其实质是将 Bean 对应的类交给 Spring 自带的工厂（BeanFactory）管理，由 Spring 自带的工厂模式帮我们创建和维护这个类。

（2）静态工厂实例化：通过静态工厂创建并返回 Bean，其实质是将 Bean 对应的类交给我们自己的静态工厂管理，Spring 只是帮我们调用了静态工厂创建实例的方法。

（3）实例工厂实例化：通过实例工厂创建并返回 Bean，其实质就是把创建实例的工厂类和调用工厂类用来创建实例的方法这一过程也交由 Spring 管理，创建实例的这个过程是在配置的实例工厂内部实现的。

任务四 面向切面编程

任务要求

本任务要求掌握 AOP 编程的两种方法。

任务实现

AOP 其中最流行的两个框架为 Spring AOP 和 Aspect J。

AOP 其实是面向对象程序设计（Object-Oriented Programing，OOP）思想的补充和完善。我们知道，OOP 引进了“抽象”“封装”“继承”“多态”等概念，对万事万物进行抽象和封装，来建立一种对象的层次结构，它强调了一种完整事物的自上而下的关系。但是具体到每个事物内部的情况，OOP 就显得无能为力了。如在一个业务系统中，用户登录是基础功能，凡涉及用户的业务流程都要求用户进行系统登录。如果把用户登录功能代码写入每个业务流程中，就会造成代码冗余，维护也非常麻烦，当需要修改用户登录功能时，就需要修改每个业务流程的用户登录代码，这种处理方式显然是不可取的。比较好的做法是把用户登录功能抽取出来，形成独立的模块，当业务流程需要用户登录时，系统自动把登录功能切入到业务流程中。图 4-2 所示是把用户登录功能切入到业务流程中的示意图。

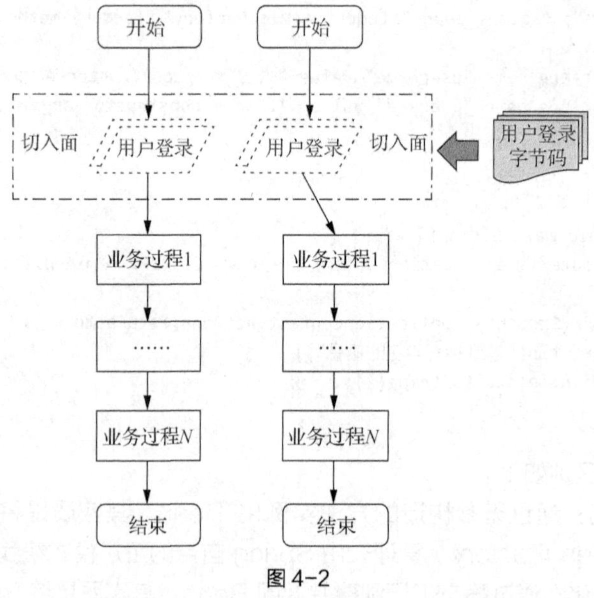

图 4-2

AOP 技术则恰恰相反，它能够利用一种被称为“横切”的技术，剖解开封装的对象内部，并将那些影响了多个类且与具体业务无关的公共行为封装成一个独立的模块（称为切面）。更重要的是，它又能以巧夺天工的妙手将这些剖开的切面复原，不留痕迹地融入核心业务逻辑中。这对日后横切功能的编辑和重用都能带来极大的方便。

对于目前的 Spring 框架，建议使用 Aspect J 实现 Spring AOP。使用 Aspect J 实现 Spring

AOP 的方式有两种：一种是基于 XML 配置开发 Aspect J；另一种是基于注解开发 Aspect J。

在实现 AOP 案例之前，需要确定项目已经引入了 Spring 框架关于 AOP 功能的 jar 包。下面列出的是 spring-aop-5.0 版本，其他版本也可以，如 spring-aop-5.0.2.RELEASE 和 spring-aspects-5.0.2.RELEASE。

另外，还需要引入下面的 jar 包。

aspectjweaver-x.x.x.jar 是 AspectJ 框架所提供的规范包。

（一）基于 XML 配置文件的 AOP 实现

基于 XML 配置开发 AspectJ 是指通过 XML 配置文件定义切面、切入点及通知，所有这些定义都必须在<aop:config>元素内。

（1）<aop:config>：开发 AspectJ 的顶层配置元素，在配置文件的<bean>元素下可以包含多个该元素。

（2）<aop:aspect>：配置一个切面，<aop:config>元素的子元素，属性 ref 指定切面的定义<aop:aspect ref="verifyUserAspect" id="aspect">...</aop:aspect>。

（3）<aop:pointcut>：配置切入点，expression 属性指定通知增强哪些方法。

```
<aop:pointcut id="pointcut" expression="execution(* it.com.*.*(..))"/>
```

上述表达式的意思是切入点为 it.com 包及子包下所有的类及类中所有的方法。

execution 表达式的格式如下。

```
execution(modifiers-pattern? ret-type-pattern declaring-type-pattern? name-pattern(param-pattern) throws-pattern?)
```

括号中各个 pattern 的含义分别如下。

（1）修饰符匹配（modifier-pattern?）指定方法的修饰符，支持通配符，该部分可以省略。

（2）返回值匹配（ret-type-pattern）可以用“*”表示任何返回值、全路径的类名等。

（3）类路径匹配（declaring-type-pattern?）指定方法所属的类，支持通配符，该部分可以省略。

（4）方法名匹配（name-pattern）可以指定方法名或者“*”代表所有，send*代表以 send 开头的所有方法。

（5）参数匹配（param-pattern）可以指定具体的参数类型，多个参数间用“,”隔开，各个参数也可以用“*”来表示匹配任意类型的参数，如(String)表示匹配一个 String 参数的方法；(*,String)表示匹配有两个参数的方法，第一个参数可以是任意类型，而第二个参数是 String 类型；可以用(..)表示 0 个或多个任意参数。

（6）异常类型匹配（throws-pattern?）指定方法声明抛出的异常，支持通配符，该部分可以省略。

其中后面跟着“?”的是可选项。

```
（1）execution(* *(..))
      //表示匹配所有方法
（2）execution(public * com. savage.service.UserService.*(..))
      //表示匹配 com.savage.server.UserService 中所有的公有方法
（3）execution(* com.savage.server..*.*(..))
      //表示匹配 com.savage.server 包及其子包下的所有方法
```

以下几个元素都是<aop:aspect>元素的子元素，其 method 属性指定其通知的方法，pointcut-ref 属性指定关联的切入点。

（1）<aop:before>：配置前置通知，此通知在连接点前面执行，不会影响连接点的执行，除非此处抛出异常。

（2）<aop:after-returning>：配置后置返回通知，此通知将在目标方法正常完成后被实施增强。

（3）<aop:around>：配置环绕通知，此通知围绕在连接点前后，如一个方法调用的前后，这是最强大的通知类型，能在方法调用前后自定义一些操作。环绕通知还需要负责决定是继续处理 joinpoint（调用 ProceedingjoinPoint 的 proceed 方法）还是中断执行。

（4）<aop:after-throwing>：配置异常通知，此通知在连接点抛出异常后执行。

（5）<aop: after>：配置后置（最终）通知，此通知是在目标方法执行后实施增强操作，与后置返回通知不同的是，不管是否发生异常都要执行该类通知。

【例 4-9】 校长通过邮件发送上课通知给老师，现在要求校长在发送通知之前，需要对老师进行用户验证。

（1）新建项目 AspectJXML，创建 Teacher 实体类。

```
    package it.entity;
    public class Teacher {
    private String tName;
    private String tClassTime;
    //此处省略 getter 和 setter 方法
    public String getMessage() {
        return String.format("%s 在%s", tName,tClassTime);
    }
}
```

（2）添加老师身份验证功能。

在项目中，添加 VerifyUser 切面类，并编写各种类型的通知。

```
    package it.service;
    import org.aspectj.lang.JoinPoint;
    import org.aspectj.lang.ProceedingJoinPoint;
    public class VerifyUser {
        public Object around(ProceedingJoinPoint point) throws Throwable {
            System.out.println("环绕开始：执行目标方法前");
            Object object=point.proceed();
            System.out.println("环绕结束：执行目标方法后");
            return object;
        }
        public void before(JoinPoint point) {
            System.out.println("前置通知");
            System.out.println("增强的方法："+point.getSignature().getName());
            System.out.println("增强的参数");
            Object[] objects=point.getArgs();
            for (Object object : objects) {
                System.out.print(object);
            }
            System.out.printf("\n%s 验证成功\n", point.getTarget());
        }
        public void after() {
            System.out.println("后置通知");
        }
        public void afterReturning() {
            System.out.println("后置返回通知");
        }
    }
```

（3）添加 EmailNoticeImpl 业务类。

EmailNotice 业务类内置了 Teacher 对象，并通过 sendMessage 方法发送通知给 Teacher 对象。setTeacher 方法用于设置 Teacher 对象，在设置之前需要验证 Teacher 对象身份的合法性，也就是要在 sendMessage 方法执行之前，执行 VerifyUser 类的 before 方法。

```
package it.dao;
import it.entity.Teacher;
public class EmailNoticeImpl implements NoticeDao {
    private String msg;
    private Teacher teacher;
    //此处省略 getter 和 setter 方法
    @Override
    public void sendMessage() {
        teacher.settClassTime(msString + "_邮件发送");
        System.out.println(teacher.getMessage());
    }
}
```

（4）添加 Spring 配置文件。

applicationContext.xml 需要使用 AOP 命名空间，因此需要在配置文件中导入 spring-aop 架构，添加 AOP 命名空间。

```
<?xml version="1.0" encoding="UTF-8"?>
    <bean id="teacherW" class="it.entity.Teacher">
        <property name="tName" value="王磊"></property>
    </bean>

    <bean id="emailNoticeTeacher" class="it.dao.EmailNoticeImpl">
        <property name="teacher" ref="teacherW"></property>
    </bean>

    <bean id="verifyUserAspect" class="it.service.VerifyUser"></bean>
    <aop:config>
        <aop:aspect id="aspect" ref="verifyUserAspect">
            <aop:pointcut
                expression="execution(* it.dao.EmailNoticeImpl.send*(..))"
                id="point1" />
                <aop:around method="around" pointcut-ref="point1"/>
            <aop:before method="before" pointcut-ref="point1"   />
            <aop:after method="after" pointcut-ref="point1"   />
            <aop:after-returning method="afterReturning" pointcut-ref="point1"   />
        </aop:aspect>
    </aop:config>
</beans>
```

（5）编写测试代码。

在项目中，添加 AopTest 测试类。

```
package it.test;
import org.springframework.context.ApplicationContext;
import org.springframework.context.support.ClassPathXmlApplicationContext;
import it.dao.NoticeDao;
import it.entity.Teacher;
public class TestTeacher {
    public static void main(String[] args) {
        ApplicationContext  applicationContext  =  new  ClassPathXmlApplicationContext("application
```

```
Context.xml");
            NoticeDao emailNoticeTeacher = (NoticeDao) applicationContext.getBean("email NoticeTeacher");
            emailNoticeTeacher.sendMessage("9:00 上 Java 课");
        }
    }
```

（6）程序运行结果。

```
环绕开始：执行目标方法前
前置通知
增强的方法：sendMessage
增强的参数
9:00 上 Java 课
it.dao.EmailNoticeImpl@3eb7fc54 验证成功
王磊在 9:00 上 Java 课_邮件发送
环绕结束：执行目标方法后
后置通知
后置返回通知
```

下面结合前面的案例讲述一下 AOP 的相关术语。

① Aspect：表示切面，切入业务流程的一个独立模块，如前面案例中的 VerifyUser 类，一个应用程序可以拥有任意数量的切面。

② Join point：表示连接点，也就是业务流程在运行过程中需要插入切面的具体位置，如前面案例中的 EmailNoticeImpl 类的 sendMessage 方法就是一个连接点。

③ Advice：表示通知，是切面的具体实现方法，可分为前置通知（Before）、后置通知（AfterReturning）、异常通知（AfterThrowing）、最终通知（After）和环绕通知（Around）5 种。实现方法具体属于哪类通知，是在配置文件和注解中指定的。例如，VerifyUser 类的 before 方法就是前置通知。

④ Pointcut：表示切入点，用于定义通知应该切入到哪些连接点上，不同的通知通常需要切入到不同的连接点上，如前面案例中配置文件的<aop:pointcut>标签。

⑤ Target：表示目标对象，被一个或多个切面所通知的对象，如前面案例中的 Email NoticeImpl 类。

⑥ Proxy：表示代理对象，将通知应用到目标对象之后被动态创建的对象。可以简单地理解为，代理对象为目标对象的业务逻辑功能加上被切入的切面所形成的对象。

⑦ Weaving：表示切入，也称为织入，是将切面应用到目标对象从而创建一个新的代理对象的过程。这个过程可以发生在编译期、类装载期及运行期。

（二）基于@AspectJ 注解的 AOP 实现

支持注解开发切面的注解集合被称为@AspectJ 注解。在 Aspect J 中，我们不仅可以使用基于注解的方式来开发切面，也可以使用基于代码的方式来开发切面，还可以混用它们。

1. 声明切面

在 Aspect J 注解中，切面只是一个带有@Aspect 注解的 Java 类。

```
@Aspect
public class LoggingAspect {}
```

2. 切入点

切入点可以通过在一个方法上使用@Pointcut 注解来指定，这个方法必须返回 void，方法的参数与切入点的参数一致，方法的修饰符与切入点的修饰符一致。

Pointcut 的定义包括两个部分：Pointcut 表示式（expression）和 Pointcut 签名（signature）。除 execution()方法外，Spring 中还支持其他多个函数，这里列出名称和简单介绍，以方便根据需要进行更详细的查询。

一般情况下，使用@Pointcut 注解的方法的方法体必须是空的，并且没有任何 throws 语句。要是切入点绑定了形式参数（使用 args()、target()、this()、@args()、@target()、@this()、@annotation()方法的形式参数），那么它们必须也是方法的形式参数。

① args()方法：通过目标类方法的参数类型指定切点。例如，args(String)表示有且仅有一个字符串类型参数的方法。

② within()方法：通过类名指定切点。例如，with(it.com.Animal)表示 Animal 的所有方法。

③ target()方法：通过类名指定，同时包含所有子类。例如，target(it.com.Animal)同时再定义一个 Cat 类继承 Animal 类，则两个类的所有方法都匹配。

④ this()方法：大部分时候和 target()方法相同，区别是如果当前要代理的类对象没有实现某个接口，就使用 this()方法；如果当前要代理的目标对象实现了某个接口，就使用 target()方法。

```
@Pointcut("execution(* *.*(int)) && args(i) ")
void anyCall(int i ){}
```

3. 通知

使用注解的方式，一个通知被写成一个普通的 Java 方法，并且使用前置通知、最终通知、后置通知、异常通知或环绕通知注解。除了 Around 注解的环绕通知以外，所有的方法都必须返回 void。方法必须是 public 的。

```
 @Before("execution(* it.com.*(..))")
    public void beforeMethod(JoinPoint jp){
        String methodName = jp.getSignature().getName();
        System.out.println("【前置通知】the method【"+methodName+"】begins with"+ Arrays.asList
(jp.getArgs()));
    }
```

后置通知 After()方法与前置通知 Before()方法的声明方式是一样，并且成功的后置通知在不需要获取返回值、异常的后置通知在不需要获取抛出的异常时，它们的声明方式也是和前置通知一样的。

如果要使用成功的后置通知获取返回值，就只需要将返回值声明为方法的参数，并且在注解中将它绑定到 returning 属性上。

```
 @AfterReturning(value="execution(* it.com.*(..))",returning="result")
```

异常的后置通知与此类似，当需要获取抛出的异常对象时，使用 throwing 属性来绑定参数即可。

```
@AfterThrowing(value="execution(* it.com.*(..))",throwing="e")
```

微课：基于 @AspectJ 注解的 AOP 实现

【例 4-10】 通过注解的方式对简单计算器的功能进行增强。

（1）新建项目 AspectJAnnotation，创建简单计算器的 Arithmetic Calculator Dao.java 接口及 ArithmeticCalculatorImpl.java 实现类。

```
package it.com.dao;
import org.springframework.stereotype.Component;
@Component("arithmeticCalculator")
public class ArithmeticCalculatorImpl implements ArithmeticCalculatorDao {
    @Override
    public int add(int i, int j) {
        int result = i + j;
        return result;
```

```
        }
        @Override
        public int sub(int i, int j) {
            int result = i - j;
            return result;
        }
        @Override
        public int mul(int i, int j) {
            int result = i * j;
            return result;
        }
        @Override
        public int div(int i, int j) {
            int result = i / j;
            return result;
        }
    }
```

（2）定义 LoggingAspect.java 切面类，并用@Aspect 注解方式来实现前置通知、返回通知、后置通知、异常通知和环绕通知。

```
    package it.com.service;
    import org.aspectj.lang.JoinPoint;
    import org.aspectj.lang.annotation.*;
    import org.springframework.stereotype.Component;
    import java.util.Arrays;
    @Component
    @Aspect
    public class LoggingAspect {
        @Before("execution(* it.com.dao.*.*(..))")
        public void beforeMethod(JoinPoint jp){
            String methodName = jp.getSignature().getName();
            System.out.println("【前置通知】the method 【" + methodName + "】 begins with " +
Arrays.asList(jp.getArgs()));
        }

        @AfterReturning(value="execution(* it.com.dao.*.*(..))",returning="result")
        public void afterReturningMethod(JoinPoint jp, Object result){
            String methodName = jp.getSignature().getName();
            System.out.println("【返回通知】the method 【" + methodName + "】 ends with 【" + result + "】
");
        }

        @After("execution(* it.com.dao.*.*(..))")
        public void afterMethod(JoinPoint jp){
            System.out.println("【后置通知】this is a afterMethod advice...");
        }

        @AfterThrowing(value="execution(* it.com.dao.*.*(..))",throwing="e")
        public void afterThorwingMethod(JoinPoint jp, Exception e){
            String methodName = jp.getSignature().getName();
            System.out.println("【异常通知】the method 【" + methodName + "】 occurs exception: " + e);
        }

    //  @Around(value="execution(* it.com.dao.ArithmeticCalculatorDao.*(..))")
    //  public Object aroundMethod(ProceedingJoinPoint jp){
```

```
//      见源代码
// }
}
```

（3）编写 main 方法进行测试。

```
package it.com.test;
import it.com.dao.ArithmeticCalculatorDao;
import org.springframework.context.ApplicationContext;
import org.springframework.context.support.ClassPathXmlApplicationContext;

public class TestAspectJAnnotation {
    public static void main(String[] args) {
        ApplicationContext ctx = new ClassPathXmlApplicationContext("applicationContext.xml");
        ArithmeticCalculatorDao  arithmeticCalculator  =  (ArithmeticCalculatorDao)  ctx.getBean
("arithmeticCalculator");

        int result = arithmeticCalculator.add(3, 5);
        System.out.println("result: " + result);

    /* int  result = arithmeticCalculator.div(5, 0);
        System.out.println("result: " + result);*/
    }
}
```

（4）编写 Spring 的配置文件 applicationContext.xml，引入 context、aop 对应的命名空间，配置自动扫描的包，同时使切面类中相关方法中的注解生效，需自动地为匹配到的方法所在的类生成代理对象。

```
<!-- 配置自动扫描的包 -->
<context:component-scan base-package="it.com"></context:component-scan>
<!-- 自动为切面方法中匹配的方法所在的类生成代理对象。 -->
<aop:aspectj-autoproxy></aop:aspectj-autoproxy>
```

（5）程序运行结果。

```
【前置通知】the method 【add】 begins with [3, 5]
【后置通知】this is a afterMethod advice...
【返回通知】the method 【add】 ends with 【8】
result: 8
```

任务五 项目小结

任务要求

本任务要求回顾本项目的重要知识点。

任务实现

本项目重点介绍了如何将 Bean 装配注入到 Spring IoC 容器中。通过本项目的学习，读者能够掌握 Bean 的两种常用装配方式，即基于 XML 配置的装配和基于注解的装配；同时，能够了解 Spring AOP 框架的相关知识，包括 AOP 概念及 AspectJ 框架的 AOP 开发方式等。

任务六 拓展练习

任务要求

结合前面所学内容，完成网站中用户登录功能程序的编写，以及理解 Spring 的功能。

任务实现

【实训 4-1】 编写用户登录功能的 Web 应用程序。

（1）建立 Student 学生类。

```
package it.com;
@Component("student")
public class Student {
    private String stuPwd, stuName;
    //此处省略 setter 和 getter 方法
}
```

（2）创建 dao 包。

在 StudentSpring 应用中创建 dao 包，并在该包中创建 UserDao 接口和接口实现类 UserDaoImpl。

① UserDao 接口代码。

```
package it.dao;
import it.domain.Student;
public interface UserDao {
   public boolean login(Student stu);
}
```

② UserDaoImpl 实现类的代码。

```
package it.dao;
import it.domain.Student;
import org.springframework.stereotype.Repository;
import java.sql.ResultSet;

@Repository("userDaoImpl")
public class UserDaoImpl implements UserDao {
    @Override
    public boolean login(Student stu) {
        DbDao dd = new DbDao("com.mysql.jdbc.Driver", "jdbc:mysql://localhost:3306/test", "root",
"123456");
        // 查询结果集
        ResultSet rs;
        try {
            rs = dd.query("select userPass from login where userName = ?", stu.getStuName());
            if (rs.next()) {
                // 用户名和密码匹配
                if (rs.getString("userPass").equals(stu.getStuPwd())) {
                   return true;
                }
            }
        } catch (Exception e) {
```

```
            e.printStackTrace();
        }
        return false;
    }
}
```

（3）创建 com 包。

在 StudentSpring 应用中创建 com 包，并在该包中创建 LoginServlet 类继承 HttpServlet 类。

```
public class LoginServlet extends HttpServlet {
    // 响应客户端请求的方法
    public void service(HttpServletRequest request, HttpServletResponse response)
            throws ServletException, java.io.IOException {
        String errMsg = "";
        // Servlet 本身并不输出响应到客户端，因此必须将请求转发到视图页面
        RequestDispatcher rd;
        // 获取请求参数
        String username = request.getParameter("username");
        String pass = request.getParameter("pass");
        try {
            ApplicationContext context = new ClassPathXmlApplication Context("application Context.
xml");
            Student stu = (Student) context.getBean("student");
            stu.setStuName(username);
            stu.setStuPwd(pass);
            UserDao userDao = (UserDao) context.getBean("userDaoImpl");
            boolean result = userDao.login(stu);
            if (result) {
                // 获取 session 对象
                HttpSession session = request.getSession(true);
                // 设置 session 属性，跟踪用户会话状态
                session.setAttribute("name", username);
                // 获取转发对象
                rd = request.getRequestDispatcher("/welcome.jsp");
                // 转发请求
                rd.forward(request, response);
            } else {
                // 用户名和密码不匹配时
                errMsg += "您的用户名密码不符合,请重新输入";
            }
        } catch (Exception e) {
            e.printStackTrace();
        }
        // 如果出错，转发到重新登录
        if (errMsg != null && !errMsg.equals("")) {
            rd = request.getRequestDispatcher("/login.jsp");
            request.setAttribute("err", errMsg);
            rd.forward(request, response);
        }
    }
}
```

（4）编写 applicationContext.xml 配置文件。

```
<context:component-scan base-package="it"></context:component-scan>
```

（5）编写 web.xml 配置 Servlet。

```
<servlet>
    <servlet-name>LoginServlet</servlet-name>
```

```
        <servlet-class>it.com.LoginServlet</servlet-class>
</servlet>
<servlet-mapping>
        <servlet-name>LoginServlet</servlet-name>
        <url-pattern>/login</url-pattern>
</servlet-mapping>
```

（6）编写 Login.jsp 页面。

```
<body>
<!-- 输出出错提示 -->
<span style="color:red;font-weight:bold">
<%
    if (request.getAttribute("err") != null) {
        out.println(request.getAttribute("err") + "<br/>");
    }
%>
</span>
请输入用户名和密码:
<!-- 登录表单，该表单提交到一个 Servlet -->
<form id="login" method="post" action="login">
    用户名：<input type="text" name="username"/><br/>
    密   码：<input type="password" name="pass"/><br/>
    <input type="submit" value="登录"/><br/>
</form>
</body>
```

（7）运行效果如图 4-3 所示。

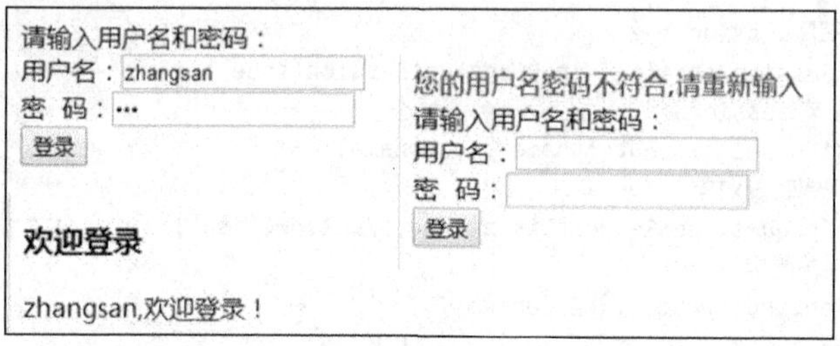

图 4-3

课后练习

1. 填空题

（1）Spring 中基于 Web 的 ApplicationContext 下可以用到的特有的 Bean 的作用域有__________、__________、__________。

（2）Spring 中的 AOP 术语的全称是______（中文），在 Spring 中它的实现机制是采用______实现。

（3）Bean 的基本装配中，对集合的属性，可以通过________、________、________和________来配置。

2. 选择题

（1）下面属于 Spring 依赖注入方式的是（　　）。（选择两项）

A. set 方法注入　　　　B. 构造方法的注入

C. get 方法的注入　　　　　　　　D. 接口的注入

（2）下面关于在 Spring 中配置 Bean 的 id 属性的说法中正确的是（　　）。（选择两项）

A. id 属性是必需的，没有 id 属性就会报错

B. id 属性不是必需的，可以没有

C. id 属性的值可以重复

D. id 属性的值不可以重复

（3）下面属于 IoC 自动装载方法的是（　　）。（选择两项）

A. byName　B. byType　　C. constructor　D. byMethod

（4）下面关于在 Spring 中配置 Bean 的 init-method 的说法中正确的是（　　）。

A. init-method 是在最前面执行的

B. init-method 在构造方法后，依赖注入前执行

C. init-method 在依赖注入后执行

D. init-method 在依赖注入后、构造函数前执行

（5）下面关于切入点的说法中正确的是（　　）。（选择两项）

A. 是 AOP 中一系列连接点的集合

B. 在做 AOP 时定义切入点是必需的

C. 在做 AOP 时定义切入点不是必需的

D. 可以用 RegExp 来定义切入点

3. 简答题

（1）描述一下 Spring 中实现依赖注入的几种方式。

（2）Spring 的核心是什么？各有什么作用？

4. 编程题

假设我们开发了一套管理系统，每收到一笔订单，系统就会调用 notifyservice.sendMessage 给客户发送订单成功邮件。某天，老板突然要求将原来给客户发送邮件的功能改为给客户发手机短信。无须改动任何代码，只要在配置中将“邮件发送器”配置成“手机发送器”，就能完成工作。

项目五

MyBatis 开发入门

MyBatis 是一个支持普通 SQL 查询、存储过程和高级映射的优秀持久层框架。MyBatis 可以使用简单的 XML 或注解的方式，将接口和 Java 的 POJO 映射成数据库中的记录。

课堂学习目标

- 核心配置文件
- SQL 映射文件
- 动态 SQL 语句

任务一 MyBatis 的概念与安装

任务要求

本任务要求了解 MyBatis 的基本知识。

任务实现

MyBatis 是 Apache 的一个 Java 开源项目，2010 年这个项目由 Apache Software Foundation 迁移到了 Google Code，并且改名为 MyBatis。MyBatis 是一款支持动态 SQL 语句的持久层框架，目的是让开发人员将精力集中在 SQL 语句上。

MyBatis 可以将 SQL 语句配置在 XML 文件中，这避免了 JDBC 在 Java 类中添加 SQL 语句的硬编码问题。通过 MyBatis 提供的输入参数映射方式，可将参数自由、灵活地配置在 SQL 语句配置文件中，解决了 JDBC 中参数在 Java 类中手工配置的问题。MyBatis 的输出映射机制，可将结果集的检索内容自动映射成相应的 Java 对象，避免了在 JDBC 中对结果集的手工检索。同时，MyBatis 还可以创建自己的数据库连接池，使用 XML 配置文件的形式，对数据库连接数据进行管理，避免了 JDBC 的数据库连接参数的硬编码问题。

综上所述，MyBatis 是一个采用配置文件动态管理 SQL 语句，并含有输入映射、输出映射机制及数据库连接池配置的持久层框架。

（一）MyBatis 的工作原理

MyBatis 的整个运行流程，也是紧紧围绕着配置文件 mybatis-config.xml 及 SQL 映射配置文件 mapper.xml 而展开的，如图 5-1 所示。

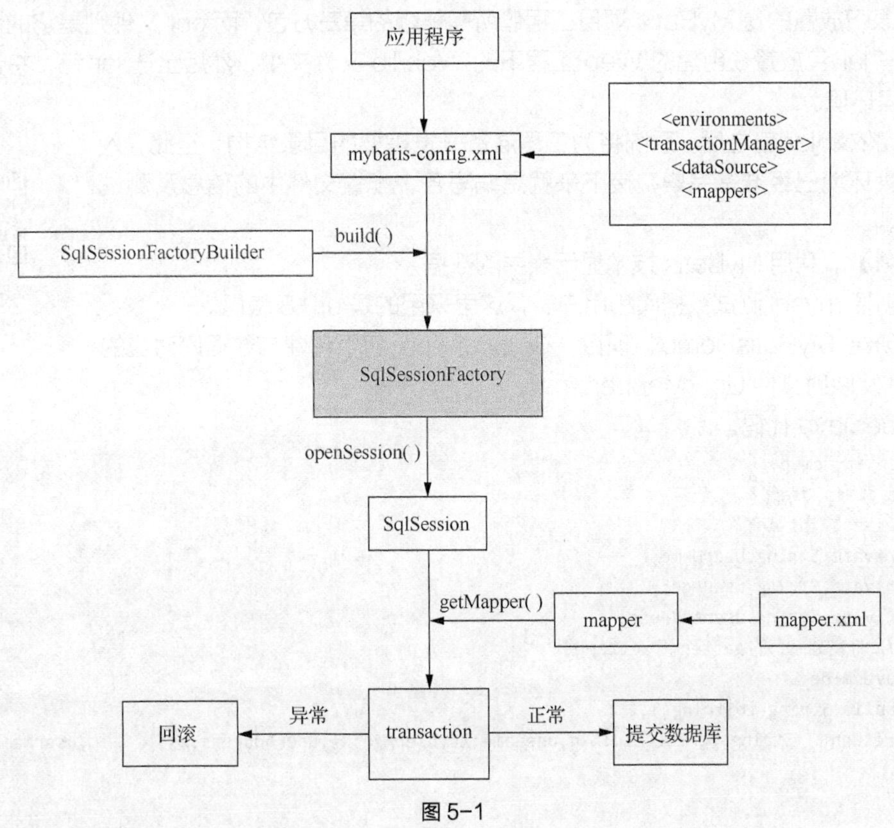

图 5-1

下面对图中的流程进行简单说明。

（1）加载 MyBatis 全局配置文件（数据源、mapper 映射文件等），解析配置文件。MyBatis 基于 XML 配置文件生成 mybatis-configuration 和一个 MappedStatement(包括参数映射配置、动态 SQL 语句、结果映射配置），其对应<select|update|delete|insert>标签项。

（2）SqlSessionFactoryBuilder 通过 Mybatis-configuration 对象生成 SqlSessionFactory，用来开启 SqlSession。

（3）SqlSession 对象完成和数据库的交互。

① 用户程序调用 Mybatis 接口层 API（即 Mapper 接口中的方法）。

② SqlSession 通过调用 API 的 Statement ID 找到对应的 MappedStatement 对象。

③ 通过 Executor（负责动态 SQL 的生成和查询缓存的维护）完成 MappedStatement 对象的解析、SQL 参数的转化、动态 SQL 的拼接，生成 jdbc Statement 对象。

④ JDBC 执行 SQL。

⑤ 借助 MappedStatement 中的结果映射关系，将返回结果转化成 HashMap、JavaBean 等存储结构并返回。

（二）MyBatis 的安装

使用 MyBatis 框架，就要引入依赖 jar 包，打开链接 https://github.com/mybatis/ mybatis-3/releases 下载 MyBatis 所需要的包和源码。解压完成之后，其中 jar 包是 MyBatis 项目工程包，lib 文件目录下放置的是 MyBatis 项目工程包所需依赖的第三方包，而 pdf 文件则是它的说明文档。

将这些 jar 包放置在创建的 Web 工程下的 Web/lib 文件夹中，然后全选 jar 包，将依赖的 jar 包引入工程环境。

添加完依赖 jar 包之后，系统将为工程准备开发需要的目录结构，至此，入门工程的大环境已经准备完毕，接下来就是编写各个配置文件中的信息及测试样例代码。

微课：初始 MyBatis

【例 5-1】 利用 MyBatis 技术显示表中的数据。

（1）创建 mysql 测试数据库和用户表，这里采用的是 utf-8 编码。

（2）创建 MyBatisDemo1 项目，在 it.com.po 包下创建与数据库对应的 User.java 及映射文件 UserMapper.xml。

① User.java 代码。

```
package it.com.po;
public class User {
    private int id;
    private String userName;
    private String userAge;
    private String userAddress;
    //此处省略所有的 getter 和 setter 方法
    @Override
    public String toString() {
     return   String.format("id:%2d,usename:%s,userAge:%s,userAddress:%s",   id,userName,userAge,
userAddress);
    }
}
```

② UserMapper.xml 代码。

```
<mapper namespace="it.com.po.UserMapper">
  <select  id="selectUser" parameterType="int"  resultType="UserAlias">
    select *  from  user where id=#{id}
  </select>
</mapper>
```

注意：每个 SQL 映射文件的元素中，都需要指定一个命名空间，用以确保每个映射语句的 id 属性不会重复。在 Java 代码中引用某个 SQL 映射时，使用的亦是含有命名空间的全路径。

（3）设置 mybatis 配置文件：mybatis-configuration.xml。

```
<?xml version="1.0" encoding="UTF-8"?>
<!DOCTYPE mybatis-configuration PUBLIC "-//mybatis.org//DTD Config 3.0//EN"
"http://mybatis.org/dtd/mybatis-3-config.dtd">
<configuration>
   <typeAliases>
      <typeAlias alias="UserAlias" type="it.com.po.User"/>
   </typeAliases>

   <environments default="development">
```

```
        <environment id="development">
        <transactionManager type="JDBC"/>
            <dataSource type="POOLED">
            <property name="driver" value="com.mysql.jdbc.Driver"/>
            <property name="url" value="jdbc:mysql://127.0.0.1:3306/test" />
            <property name="username" value="root"/>
            <property name="password" value="123456"/>
            </dataSource>
        </environment>
    </environments>

    <mappers>
        <mapper resource="it/com/po/UserMapper.xml"/>
    </mappers>
</configuration>
```

下面对这几个配置文件进行解释。

① mybatis-configuration.xml 是 Mybatis 建立 sessionFactory 用的，里面主要包含获取数据库连接实例的数据源（Data Source）和决定事务作用域和控制方式的事务管理器（Transaction Manager），还有 Java 类所对应的别名，如<typeAlias alias="UserAlias" type="it.com.po.User"/>，这个别名非常重要，在具体类的映射如 UserMapper.xml 中 resultType 就是对应这个别名，要保持一致。

② mybatis-configuration.xml 中的<mapper resource="it/com/po/UserMapper.xml"/>是包含要映射的类的 XML 配置文件。

③ 在 UserMapper.xml 文件中主要是定义各种 SQL 语句和这些语句的参数，以及要返回的参数类型等。

（4）编写测试类。

```
package it.com.test;
import it.com.po.User;

public class TestMybatis {
    private static SqlSessionFactory sqlSessionFactory;
    private static Reader reader;
    public static void main(String[] args) {
        try {
        reader = Resources.getResourceAsReader("mybatis-configuration.xml");
        sqlSessionFactory = new SqlSessionFactoryBuilder().build(reader);
        SqlSession session = sqlSessionFactory.openSession();
        User user = (User) session.selectOne("it.com.po.UserMapper.selectUserByID", 1);
        System.out.println(user.toString());
        session.close();
        } catch (IOException e) {
            e.printStackTrace();
        }
    }
}
```

（5）程序运行结果。

```
id: 1,usename:summer,userAge:100,userAddress:shanghai,pudong
```

任务二 MyBatis 的增、删、改、查

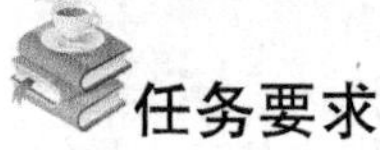

任务要求

本任务要求掌握 MyBatis 的 SQL 映射文件的编写。

任务实现

Mapper 顾名思义就是“映射”的意思，Mapper 文件就是 MyBatis 中 SQL 语句的配置文件，会在程序运行时加载 SQL 语句并映射相应参数。在日常使用 MyBatis 框架进行数据库交互开发时，Mapper 配置文件的定义显得十分关键。

（一）select 元素

在 SQL 映射文件中，<select>元素用于映射 SQL 的 select 语句，常用的属性代码如下。

```
<select
    <!--
        1. id（必须配置）
        配合 Mapper 的全限定名，联合成为一个唯一的标识，用户标识这条 SQL。如果使用接口方式，这个 id 就应该对应dao 包中的某个方法（sql 相当于方法的实现），因此 id 应该与方法名一致
     -->
    id="selectUser"

    <!--
        2. parapeterType（可选配置，默认由 mybatis 自动选择处理）
        将要输入参数的完全限定名或别名，如果不配置的话，mybatis 就会通过 ParamterHandler 根据参数类型默认选择合适的 typeHandler 进行处理
        paramterType 主要指定参数类型，可以是 int，short，long，string 等类型，也可以是复杂类型（如对象）
     -->
    parapeterType="int"

    <!--
        3. resultType（resultType 与 resultMap 二选一配置）
        用来指定返回类型，指定的类型可以是基本类型，也可以是 Java 容器，还可以是 javabean
     -->
    resultType="hashmap"

    <!--
        4. resultMap（resultType 与 resultMap 二选一配置）
        用于引用通过 resultMap 标签定义的映射类型，这也是 mybatis 组件高级复杂映射的关键
     -->
    resultMap="USER_RESULT_MAP"
</select>
```

【例 5-2】 利用接口编程的方法，查询出数据库中所有满足条件的学生。

（1）复制 MyBatisDemo1 项目，修改项目名称为 MyBatisDemo2。

（2）在 it.com.dao 包下建立 UserDao 接口类。

```
package it.com.dao;
public interface UserDao {
    User findUserById(int userId);
}
```

注意：这里面有一个方法名 findUserById 必须与 UserMapper.xml 中配置的 select 的 id 对应（<select id="findUserById"）。

（3）修改 UserMapper.xml。

```
<mapper namespace="it.com.dao.UserDao">
  <select id="findUserById" parameterType="int" resultType="UserAlias">
     select *  from  user where id=#{id}
  </select>
</mapper>
```

注意：在 UserMapper.xml 的配置文件中，mapper namespace="it.com.dao.UserDao"，在这里命名空间非常重要，不能有错，必须与我们定义的"package.接口名"一致。

（4）编写 SessionFactoryUtil 工具类，从而产生 SqlSession 的对象。

```
package it.com.util;
public class SessionFactoryUtil {
    private static SqlSessionFactory sessionFactory;
    private SessionFactoryUtil() {
    }
    public static synchronized SqlSession getSession() {
        try {
            InputStream stream = Resources.getResourceAsStream("Mybatis-configuration.xml");
            if (sessionFactory == null) {
                sessionFactory = new SqlSessionFactoryBuilder().build(stream);
            }
        } catch (IOException e) {
            e.printStackTrace();
        }
        return sessionFactory.openSession();
    }
}
```

（5）编写测试类。

```
package it.com.test;
public class TestMybatis {
    public static void main(String[] args) {
        SqlSession session = SessionFactoryUtil.getSession();
        UserDao userDao = session.getMapper(UserDao.class);
        User user = userDao.findUserById(1);
        System.out.println(user.toString());
        session.close();
    }
}
```

（6）程序运行结果。

```
id: 1,usename:summer,userAge:100,userAddress:shanghai,pudong
```

（二）insert 元素

在 SQL 映射文件中，<insert>元素用于映射 SQL 的 insert 语句，常用的属性代码如下。

```
<insert
    <!--同 select 标签 -->
    id="insertProject"

    <!-- 同 select 标签-->
    paramterType="projectInfo"
```

```
    <!--
       1. useGeneratedKeys（可选配置，与 keyProperty 相配合）
       设置为 true，并将 keyProperty 设为数据库主键对应的实体对象的属性名称
     -->
    useGeneratedKeys="true"

    <!--
       2. keyProperty（可选配置，与 useGeneratedKeys 相配合）
       用于获取数据库自动生成的主键
      -->
    keyProperty="projectId"
>
```

【例 5-3】 利用接口编程的方法，向数据库中增加一个学生。

（1）复制 MyBatisDemo2 项目，修改项目名称为 MyBatisDemo3。

微课：insert 元素

（2）在 it.com.dao 包的 UserDao 中增加方法。

```
package it.com.dao;
public interface UserDao {
    void addUser(User user);
}
```

（3）修改 UserMapper.xml。

```
<mapper namespace="it.com.dao.UserDao">
    <!--执行增加操作的 SQL 语句。-->
    <insert id="addUser" parameterType="UserAlias" useGeneratedKeys="true" keyProperty="id">
     INSERT INTO user(username,userAge,userAddress) VALUES(#{userName},#{userAge},#{userAddress})
    </insert>
</mapper>
```

注意：id 和 parameterType 分别与 UserDao 接口中的 addUser 方法的名字和参数类型一致。以#{userName}的形式引用 User 参数的 userName 属性，MyBatis 将使用反射方式读取 User 参数的此属性。#{userName}中 userName 的大小写敏感。useGeneratedKeys 设置为"true"表明要 MyBatis 获取由数据库自动生成的主键；keyProperty="id"指定把获取到的主键值注入到 User 的 id 属性中。

（4）编写测试类。

```
package it.com.test;
import it.com.util.SessionFactoryUtil;
public class TestMybatis {
    public static void main(String[] args) {
        User user = new User();
        user.setUserName("李四");
        user.setUserAge("20");
        user.setUserAddress("天津");
        SqlSession session = SessionFactoryUtil.getSession();
        UserDao userDao = session.getMapper(UserDao.class);
        userDao.addUser(user);
        session.commit();
        System.out.println(user.toString());
    }
}
```

注意：增加操作执行完成后，必须提交事务，否则增加内容不会写入数据库。

（5）程序运行结果。

```
id:12,usename:李四,userAge:20,userAddress:天津
```

（三）update 和 delete 元素

数据库中的更新和删除操作对于 MyBatis 来说是非常简单的，会写更新、删除 SQL 就能完成，所用到 MyBatis 标签及属性也很少。在实际工作中在对数据进行更新和删除时，需结合事务的处理以保证数据的完整性。

【例 5-4】 利用接口编程的方法，在数据库中修改一条学生的信息，同时删除一条学生的信息。

（1）复制 MyBatisDemo3 项目，修改项目名称为 MyBatisDemo4。

（2）在 it.com.dao 包的 UserDao 中增加方法。

```
package it.com.dao;
public interface UserDao {
    void  updateUser(User user);
    void deleteUser(int id);
}
```

（3）修改 UserMapper.xml。

```
<mapper namespace="it.com.dao.UserDao">
    <update id="updateUser" parameterType="UserAlias">
   UPDATE user SET username=#{userName},userage=#{userAge},useraddress=#{userAddress} where id=#{id}
    </update>

    <delete id="deleteUser" parameterType="Integer">
        DELETE FROM user where id=#{id}
    </delete>
</mapper>
```

（4）编写测试类。

```
package it.com.test;
public class TestMybatis {
   public static void main(String[] args) {
      User user = new User();
      user.setId(4);
      user.setUserName("王武");
      user.setUserAge("20");
      user.setUserAddress("北京");
      SqlSession session = SessionFactoryUtil.getSession();
      UserDao userDao = session.getMapper(UserDao.class);
      userDao.updateUser(user);
      session.commit();
      System.out.println("修改之后的学生信息");
      ShowAllUsers(userDao);
      userDao.deleteUser(4);
      session.commit();
      System.out.println("删除之后的学生信息");
      ShowAllUsers(userDao);
   }

   private static void ShowAllUsers(UserDao userDao) {
      List<User> lstUsers = userDao.selectUsers();
      for (User item : lstUsers) {
         System.out.println(item.toString());
      }
   }
}
```

（5）程序运行结果。

```
修改之后的学生信息
id: 1,usename:summer,userAge:100,userAddress:shanghai,pudong
id: 4,usename:王武,userAge:20,userAddress:北京
删除之后的学生信息
id: 1,usename:summer,userAge:100,userAddress:shanghai,pudong
```

（四）resultMap 元素

一条查询 SQL 执行后，就会返回结果，而结果可以使用 map 存储，也可以使用 POJO 存储。Map 原则上是可以匹配所有结果集的，但是使用 map 接口就意味着可读性的下降，因为使用 map 时需要进一步了解 map 键值的构成和数据类型，所以这不是一种推荐的结果存储方式，更多时候会推荐使用 POJO 方式。

POJO 是最常用的结果存储方式，可以使用自动映射，正如使用 resultType 属性一样，但是有时候需要更为复杂的映射或者关联，这个时候就可以使用 select 语句的 resultMap 属性配置映射集合。

resultMap 包含的元素如下。

```
<!--column 不做限制，可以为任意表的字段，而 property 须为 type 定义 pojo 属性-->
<resultMap id="唯一的标识" type="映射的 pojo 对象">
    <id column="表的主键字段，或者可以为查询语句中的别名字段" jdbcType="字段类型" property="映射 pojo 对象的主键属性" />
    <result column="表的一个字段（可以为任意表的一个字段）" jdbcType="字段类型" property="映射到 pojo 对象的一个属性（须为 type 定义的 pojo 对象中的一个属性）"/>
    <association property="pojo 的一个对象属性" javaType="pojo 关联的 pojo 对象">
        <id column="关联 pojo 对象对应表的主键字段" jdbcType="字段类型" property="关联 pojo 对象的主键属性"/>
        <result  column="任意表的字段" jdbcType="字段类型" property="关联 pojo 对象的属性"/>
    </association>
  <!-- 集合中的 property 须为 oftype 定义的 pojo 对象的属性-->
    <collection property="pojo 的集合属性" ofType="集合中的 pojo 对象">
        <id column="集合中 pojo 对象对应的表的主键字段" jdbcType="字段类型" property="集合中 pojo 对象的主键属性" />
        <result column="可以为任意表的字段" jdbcType="字段类型" property="集合中的 pojo 对象的属性" />
    </collection>
</resultMap>
```

【例 5-5】 利用接口编程的方法，查询出数据库中所有的学生。

（1）复制 MyBatisDemo1 项目，修改项目名称为 MyBatisDemo5。

（2）在 it.com.dao 包的 UserDao 中增加方法。

```
package it.com.dao;
public interface UserDao {
    List<User> selectUsers();
}
```

（3）修改 UserMapper.xml。

```
<mapper namespace="it.com.dao.UserDao">
    <resultMap type="UserAlias" id="resultListUser">
        <id column="id" property="id"></id>
        <result column="id" property="id"></result>
        <result column="userName" property="userName"></result>
        <result column="userAge" property="userAge"></result>
        <result column="userAddress" property="userAddress"></result>
    </resultMap>
```

```
    <select id="selectUsers" resultMap="resultListUser">
        select *from user
    </select>
</mapper>
```

（4）编写测试类。

```
package it.com.test;
public class TestMybatis {
   public static void main(String[] args) {
          SqlSession session = SessionFactoryUtil.getSession();
          UserDao userDao = session.getMapper(UserDao.class);
          List<User> lstUsers = userDao.selectUsers();
          for (User item : lstUsers) {
             System.out.println(item.toString());
          }
          session.close();
      }
   }
```

（5）程序运行结果。

```
id: 1,usename:summer,userAge:100,userAddress:shanghai,pudong
id: 6,usename:张三,userAge:70,userAddress:重庆市
id: 8,usename:杨塞,userAge:20,userAddress:重庆市
id:12,usename:李四,userAge:20,userAddress:天津
```

任务三 MyBatis 的关联映射

任务要求

本任务要求掌握 Mybatis 的 3 种关联操作。

任务实现

在关系型数据库中，多个表之间存在着 3 种关联关系，分别为一对一、一对多和多对多，如图 5-2 所示。

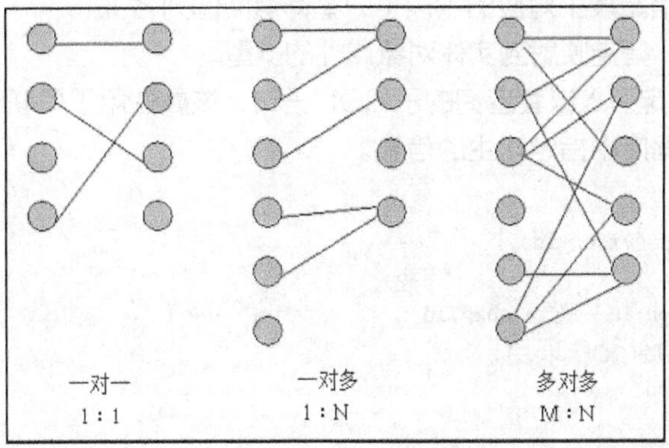

图 5-2

3 种关联关系的具体说明如下。

① 一对一：在任意一方中引入对方主键作为外键。

② 一对多：在“多”的一方，添加“一”的一方的主键作为外键。

③ 多对多：产生中间关系表，引入两张表的主键作为外键，两个主键成为联合主键或使用新的字段作为主键。

在 Java 中，通过对象也可以进行关联关系描述，如图 5-3 所示。

一对一	一对多	多对多

class A{
B b;
}
 	
class B{
A a;
}
	class A{
	List<B> b;
	}
	
	class B{
	A a;
	}
		class A{
		List<B> b;
		}
		
		class B{
		List<A> a;
		}

图 5-3

① 一对一的关系：就是在本类中定义对方类型的对象，如在 A 类中定义 B 类类型的属性 b，在 B 类中定义 A 类类型的属性 a。

② 一对多的关系：就是一个 A 类类型对应多个 B 类类型的情况，需要在 A 类中以集合的方式引入 B 类类型的对象，在 B 类中定义 A 类类型的属性 a。

③ 多对多的关系：在 A 类中定义 B 类类型的集合，在 B 类中定义 A 类类型的集合。

（一）一对一关联映射

一对一关联关系在现实生活中十分常见，如一个大学生只有一个毕业论文指导老师，一个公民只有一个身份证号码，这些都是一对一的关联关系。

MyBatis 如何处理一对一关联查询呢？在 MyBatis 中，通过<resultMap>元素的子元素<association>处理这种一对一关联关系。在<association>元素中通常使用以下属性。

① property 属性：指定映射到实体类的对象属性。

② column 属性：指定表中对应的字段（即查询返回的列名）。

③ javaType 属性：指定映射到实体对象属性的类型。

④ select 属性：指定引入嵌套查询的子 SQL 语句，该属性用于关联映射中的嵌套查询。

【例 5-6】 查询数据库中指定学生的信息。

（1）创建数据表。

微课：一对一关联映射

```
Student(sid,sname,supervisor_id),
Teacher(tid,tname),
其中 student.supervisor_id 关联 teacher.id
```

（2）新建 MyBatisDemo6 项目。

（3）创建持久化类。

```
package it.com.po;
public class Student {
    private String sid;
```

```
        private String sname;
        private Teacher teacher;    //关联毕业指导老师
        //省略 getter 和 setter 方法
        @Override
        public String toString() {
            return String.format("学生学号:%s,学生姓名:%s \n 指导老师信息:\n %s", sid,sname,teacher);
        }
    }

    package it.com.po;
    public class Teacher {
        private String tid;
        private String tname;
        //省略 getter 和 setter 方法
        @Override
        public String toString() {
            return String.format("教师的 id:%s,教师的姓名:%s", tid, tname);
        }
    }
```

（4）在 it.com.dao 包中增加 TeacherDao 和 StudentDao 接口。

```
package it.com.dao;
public interface StudentDao {
    Student findStudentById(String sid);
    Student selectStudentById(String sid);
    Student getStudentById(String sid);
}

public interface TeacherDao {
    Teacher findTeacherById(String tid);
}
```

（5）编写 TeacherMapper.xml。

```
<mapper namespace="it.com.dao.TeacherDao">
    <select id="findTeacherById" resultType="Teacher">
        SELECT * FROM teacher WHERE tid=#{tid}
    </select>

    <resultMap type="Teacher" id="supervisorResultMap">
        <id column="tid" property="tid" />
        <result column="tname" property="tname" />
    </resultMap>
</mapper>
```

（6）编写 StudentMapper.xml。

```
<mapper namespace="it.com.dao.StudentDao">

    <!-- 写法一：嵌套的 select 语句 -->
    <resultMap type="Student" id="StudentResultMap1">
        <id column="sid" property="sid" />
        <result column="sname" property="sname" />
        <association property="teacher" javaType="Teacher"
            column="supervisor_id" select="it.com.dao.TeacherDao.findTeacherById"></association>
    </resultMap>
```

```
    <select id="findStudentById" parameterType="String"
        resultMap="StudentResultMap1">
        SELECT * FROM student WHERE sid=#{sid}
    </select>

    <!-- 写法二： 嵌套的 resultMap，直接在 association 中映射 teacher 表 -->
    <resultMap type="Student" id="StudentResultMap2">
        <id column="sid" property="sid" />
        <result column="sname" property="sname" />
        <association property="teacher" javaType="Teacher"
            column="supervisor_id">
            <id column="tid" property="tid" />
            <result column="tname" property="tname" />
        </association>
    </resultMap>

    <select id="selectStudentById" parameterType="String"
        resultMap="StudentResultMap2">
        SELECT * FROM student s JOIN teacher t ON
        s.supervisor_id=t.tid WHERE s.sid=#{sid}
    </select>

    <!-- 写法三： 嵌套的 resultMap，在外部映射 teacher 表 -->
    <resultMap type="Student" id="StudentResultMap3">
        <id column="sid" property="sid" />
        <result column="sname" property="sname" />
        <association property="teacher" column="supervisor_id"
            resultMap="it.com.dao.TeacherDao.supervisorResultMap">
        </association>
    </resultMap>

    <select id="getStudentById" parameterType="String"
        resultMap="StudentResultMap3">
        SELECT * FROM student s JOIN teacher t ON
        s.supervisor_id=t.tid WHERE s.sid=#{sid}
    </select>
</mapper>
```

（7）编写测试类。

```
package it.com.test;
public class TestMybatis {
    public static void main(String[] args) {

        SqlSession session = SessionFactoryUtil.getSession();
        StudentDao stuDao = session.getMapper(StudentDao.class);
        Student stu;
        System.out.println("第一种方法");
         stu = stuDao.findStudentById("s01");
        System.out.println(stu.toString());
        System.out.println("第二种方法");
        stu = stuDao.selectStudentById("s02");
        System.out.println(stu.toString());
```

```
            System.out.println("第三种方法");
            stu = stuDao.getStudentById("s03");
            System.out.println(stu.toString());
            session.close();
        }
    }
```

（8）程序运行结果。

```
第一种方法
学生学号:s01,学生姓名:张三
 指导老师信息:
 教师的 id:t01,教师的姓名:张老师
第二种方法
学生学号:s02,学生姓名:李四
 指导老师信息:
 教师的 id:t01,教师的姓名:张老师
第三种方法
学生学号:s03,学生姓名:王五
 指导老师信息:
 教师的 id:t02,教师的姓名:王老师
```

（二）一对多关联映射

上一节对学生信息及对应的毕业论文指导老师进行了一对一的查询，本节将在上一节的基础上，对指定老师所指导的全部毕业生的信息进行查询。

<resultMap>元素中包含一个<collection>子元素，MyBatis 就是通过该元素来处理一对多关联关系的。

<collection>子元素的属性大部分与<association>元素相同，但其还包含一个特殊属性 ofType。<association>的主要作用是将关联查询信息映射到一个 POJO 对象中，而<collection>子元素的作用是将关联查询信息映射到一个 list 集合中。

ofType 属性：ofType 属性与 javaType 属性对应，用于指定实体对象中集合类属性所包含的元素类型。

微课：一对多关联映射

【例 5-7】 查询数据库中指定老师的信息及该老师所指导的所有学生的信息。

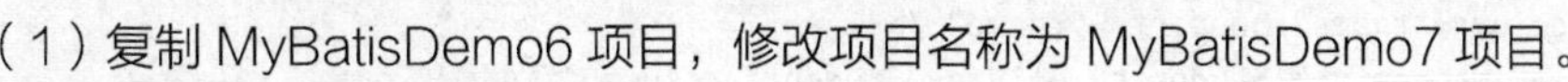

（1）复制 MyBatisDemo6 项目，修改项目名称为 MyBatisDemo7 项目。

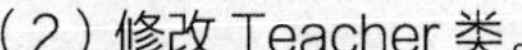

（2）修改 Teacher 类。

```
    package it.com.po;
    public class Teacher {
        private String tid;
        private String tname;
        private List<Student> lStudents;
         //省略 getter 和 setter 方法
        @Override
        public String toString() {
            StringBuffer stringBuffer=new  StringBuffer();
            stringBuffer.append(String.format("教师的 id:%s,教师的姓名:%s\n", tid, tname));
            for (Student student : lStudents) {
                stringBuffer.append( String.format(" 学生学号:%s,学生姓名:%s\n",student.getSid() ,
student.getSname() ) );
            }
            return stringBuffer.toString();
        }
    }
```

（3）在 it.com.dao 包中修改 TeacherDao 接口。

```
package it.com.dao;
public interface TeacherDao {
    Teacher findTeacherById(String tid);
    Teacher selectTeacherById(String tid);
     Teacher getTeacherById(String tid);
}
```

（4）编写 StudentMapper.xml。

```
<mapper namespace="it.com.dao.StudentDao">
    <select id="findStudentById" parameterType="String" resultType="Student">
        SELECT * FROM student WHERE supervisor_id=#{tid}
    </select>
    <resultMap type="Student" id="StudentResultMap">
        <id column="sid" property="sid" />
        <result column="sname" property="sname" />
    </resultMap>
</mapper>
```

（5）编写 TeacherMapper.xml。

```
<mapper namespace="it.com.dao.TeacherDao">
    <!-- 写法一：嵌套的 select 语句 -->
    <resultMap type="Teacher" id="teacherResultMap">
        <id column="tid" property="tid" />
        <result column="tname" property="tname" />
        <collection property="lStudents" ofType="Student" column="tid"
            select="it.com.dao.StudentDao.findStudentById"></collection>
    </resultMap>

    <select id="findTeacherById" resultMap="teacherResultMap">
        SELECT * FROM teacher WHERE tid=#{tid}
    </select>

    <!-- 写法二：嵌套的 resultMap，直接在 collection 中映射 student 表 -->
    <resultMap type="Teacher" id="teacherResultMap1">
        <id column="tid" property="tid" />
        <result column="tname" property="tname" />
        <collection property="lStudents" ofType="Student" column="tid">
            <id column="sid" property="sid" />
            <result column="sname" property="sname" />
        </collection>
    </resultMap>
    <select id="selectTeacherById" resultMap="teacherResultMap1">
        SELECT    teacher.tid,teacher.tname, student.sid,student.sname
        FROM     teacher INNER JOIN student ON student.supervisor_id = teacher.tid
        WHERE    teacher.tid = #{tid}
    </select>

    <!-- 写法三：嵌套的 resultMap，在外部映射 student 表 -->
    <resultMap type="Teacher" id="teacherResultMap2">
        <id column="tid" property="tid" />
        <result column="tname" property="tname" />
        <collection property="lStudents" ofType="Student" column="tid"
            resultMap="it.com.dao.StudentDao.StudentResultMap"></collection>
    </resultMap>
```

```
    <select id="getTeacherById" resultMap="teacherResultMap2">
        SELECT teacher.tid,teacher.tname, student.sid,student.sname
        FROM teacher INNER JOIN student ON student.supervisor_id = teacher.tid
        WHERE teacher.tid = #{tid}
    </select>
</mapper>
```

（6）编写测试类。

```
package it.com.test;
public class TestMybatis {
    public static void main(String[] args) {

        SqlSession session = SessionFactoryUtil.getSession();
        TeacherDao teaDao = session.getMapper(TeacherDao.class);
        Teacher teacher;
        System.out.println("第一种方法");
        teacher= teaDao.findTeacherById("t01");
        System.out.println(teacher.toString());

        System.out.println("第二种方法");
        teacher= teaDao.selectTeacherById("t02");
        System.out.println(teacher.toString());

        System.out.println("第三种方法");
        teacher= teaDao.getTeacherById("t03");
        System.out.println(teacher.toString());
        session.close();
    }
}
```

（7）程序运行结果。

```
第一种方法
教师的 id:t01,教师的姓名:张老师
 学生学号:s01,学生姓名:张三
 学生学号:s02,学生姓名:李四

第二种方法
教师的 id:t02,教师的姓名:王老师
 学生学号:s03,学生姓名:王五
 学生学号:s04,学生姓名:赵六

第三种方法
教师的 id:t03,教师的姓名:李老师
 学生学号:s05,学生姓名:黄七
 学生学号:s06,学生姓名:刘八
```

（三）多对多关联映射

在实际项目开发中，多对多的关联关系也是非常常见的。以学生选课系统为例，一个学生可以选择多门课程，而一门课程也可以被多个学生所选，如图 5-4 所示。

在数据库中，多对多的关联关系通常使用一个中间表来维护。中间表中的 s_id 学生编号作为外键参照学生表的 sid，课程 c_id 作为外键参照课程表的 cid。

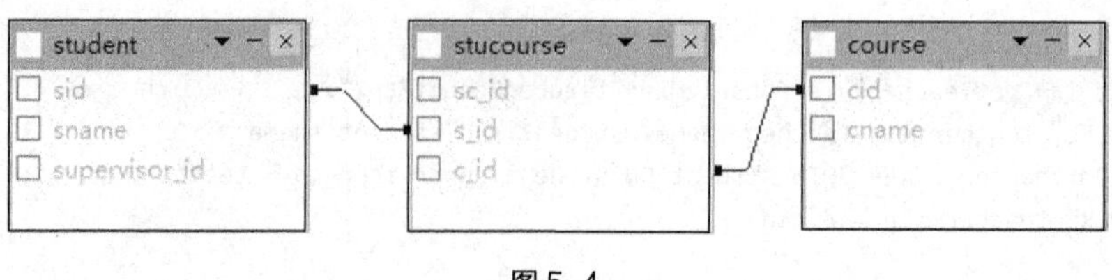

图 5-4

【例 5-8】 查询数据库中指定老师的信息及该学生所选课的课程信息。

（1）新建 MyBatisDemo8 项目。

（2）在 it.com.po 包中新建 Course 类和 Student 类。

```
package it.com.po;
public class Course {
    private String cid, cname;
    private List<Student> lstStudent;
    //省略 getter 和 setter 方法
    @Override
    public String toString() {
        return String.format("---课程 ID: %5s 课程名称: %s---\n", cid, cname);
    }
}

public class Student {
    private String sid;
    private String sname;
    private Teacher teacher;
    private List<Course> lstCourse;
   //省略 getter 和 setter 方法
    @Override
    public String toString() {
        return String.format("学生学号:%s,学生姓名:%s 指导老师: %s  学生所选课程: %s \n  ", sid, sname,
teacher.getTname(), lstCourse);
    }
}
```

（3）在 it.com.dao 包中修改 StduentDao 接口，增加以下代码对应的接口方法。

```
package it.com.dao;
public interface StudentDao{
     List<Student> selectAllStudentCourse();
}
```

（4）编写 StudentMapper.xml。

```
<mapper namespace="it.com.dao.StudentDao">
    <resultMap type="Student" id="StudentCourseResultMap">
        <id column="sid" property="sid" />
        <result column="sname" property="sname" />
        <association property="teacher" column="supervisor_id" javaType="Teacher" resultMap=
"it.com.dao.TeacherDao.teacherResultMap"></association>
        <collection property="lstCourse" ofType="Course"  resultMap="it.com.dao.CourseDao.
CourseResultMap"></collection>
    </resultMap>

    <select id="selectAllStudentCourse"  resultMap="StudentCourseResultMap">
         SELECT c.cid,c.cname,student.sid,student.sname,student.supervisor_id,
teacher.tname FROM (course AS c ,student) INNER JOIN stucourse ON stucourse.c_id = c.cid AND
```

```
stucourse.s_id = student.sid  INNER JOIN teacher ON student.supervisor_id = teacher.tid
        </select>
    </mapper>
```

（5）编写 CourseMapper.xml。

```
<mapper namespace="it.com.dao.CourseDao">
    <resultMap type="Course" id="CourseResultMap">
        <id column="cid" property="cid" />
        <result column="cname" property="cname" />
        <collection property="lstStudent" ofType="Student">
        <id column="sid" property="sid" />
        <result column="sname" property="sname" />
        </collection>
    </resultMap>
</mapper>
```

（6）编写测试类。

```
package it.com.test;
public class TestMybatis {
    public static void main(String[] args) {

     SqlSession session = SessionFactoryUtil.getSession();
        StudentDao stuDao = session.getMapper(StudentDao.class);
        List<Student> lstStudent= stuDao.selectAllStudentCourse();
        for (Student student : lstStudent) {
            System.out.println(student.toString());
        }
        session.close();
    }
}
```

（7）程序运行结果。

```
学生学号:s01,学生姓名:张三
 学生所选课程：[---课程 ID:   c01 课程名称：计算机基础---,
 ---课程 ID:   c03 课程名称：JAVA 程序设计---]

学生学号:s02,学生姓名:李四
 学生所选课程：[---课程 ID:   c01 课程名称：计算机基础---]

学生学号:s03,学生姓名:王五
 学生所选课程：[---课程 ID:   c03 课程名称：JAVA 程序设计---]
```

任务四 动态 SQL

任务要求

本任务重点讲解如何拼接 MyBatis 的动态 SQL 语句。

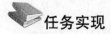

任务实现

MyBatis 的强大特性之一便是它的动态 SQL 语句，如果有使用 JDBC 或其他类似框架的经验，就能体会到根据不同条件拼接 SQL 语句的痛苦。例如，拼接时要确保不能忘记添加必要的空格，还要注意去掉列表最后一个列名的逗号。而利用动态 SQL 语句可以彻底解决这个问题。以前使用动态 SQL 语句并非一件易事，但现在 MyBatis 提供的强大的动态 SQL 语句可以被用在任意 SQL 映射语句中。

动态 SQL 语句和 JSTL 或基于类似 XML 的文本处理器相似，在 MyBatis 之前的版本中，有很多元素需要花时间了解。MyBatis 3 大大精简了元素的种类，现在只需学习原来一半的元素便可。MyBatis 采用了功能强大的基于 OGNL 的表达式来淘汰其他大部分元素。

（一）if 元素

if 元素通常在 WHERE 语句中用于判断参数值从而决定是否使用某个查询条件；也经常在 UPDATE 语句中用于判断是否更新某一个字段；还可以在 INSERT 语句中用于判断是否插入某个字段的值。if 元素中有一个 test 属性，test 属性值是一个符合 OGNL 要求的判断表达式，表达式的结果可以使用 true 或 false，其中所有的非 0 值都为 true。

先进行简单的场景描述：根据学生姓名去查找学生的信息，但是学生姓名是一个选填条件，不填写时，就查询出所有学生的信息。这是查询中常见的场景之一，if 元素提供了简单的实现。

【例 5-9】 if 元素的应用。

（1）复制 MyBatisDemo8 项目，并修改项目名称为 MyBatisDemo9。

（2）在 it.com.dao 包中修改 StduentDao 接口，增加以下接口方法的代码。

```
package it.com.dao;
public interface StudentDao{
     List<Student> findStudent(Student stu);
}
```

（3）编写 StudentMapper.xml。

```
<mapper namespace="it.com.dao.StudentDao">
    <resultMap type="Student" id="StudentCourseResultMap">
        <id column="sid" property="sid" />
        <result column="sname" property="sname" />
        <association property="teacher" column="supervisor_id" javaType="Teacher"
resultMap="it.com.dao.TeacherDao.teacherResultMap"></association>
        <collection property="lstCourse" ofType="Course"  resultMap="it.com.dao.CourseDao.
CourseResultMap"></collection>
    </resultMap>

    <select id="findStudent" parameterType="Student" resultMap="StudentCourseResultMap">
         SELECT c.cid,c.cname,student.sid,student.sname,student.supervisor_id,
    teacher.tname FROM (course AS c ,student) INNER JOIN stucourse ON stucourse.c_id = c.cid AND
stucourse.s_id = student.sid  INNER JOIN teacher ON student.supervisor_id = teacher.tid
     where   1=1
     <if test="sname!=null and sname!=''">
        and sname=#{sname}
     </if>
    </select>
</mapper>
```

（4）编写测试类。

```
package it.com.test;
public class TestMybatis {
    public static void main(String[] args) {
     SqlSession session = SessionFactoryUtil.getSession();
        StudentDao stuDao = session.getMapper(StudentDao.class);
```

```
            Student stu=new  Student();
            stu.setSname("王五");
            List<Student> lstStudent= stuDao.findStudent(stu);
            for (Student student : lstStudent) {
                System.out.println(student.toString());
            }
            session.close();
        }
    }
```

（5）程序运行结果。

```
学生学号:s03,学生姓名:王五 指导老师：王老师  学生所选课程：[---课程ID：  c03 课程名称：JAVA程序设计---]
```

说明：如果在测试类中没有给学生的名字赋值，查询的就是全部学生的信息，运行结果和【例 5-8】中一样。

在 MyBatis 中拼接查询语句，偶尔会出现 WHERE 后面一个字段的值都没有，就导致所有条件无效，WHERE 没有存在的意义，最终这条 SQL 语句会变成如下代码。

```
SELECT * FROM BLOG WHERE
```

这会导致查询失败。如果仅仅第二个条件匹配又会怎样？这条 SQL 语句最终会变成如下代码。

```
SELECT * FROM BLOG    WHERE   AND title like 'yiibai.com'
```

上面的 SQL 语句中，WHERE 后直接跟的是 AND，这在运行时肯定会报 SQL 语法错误，而加入了条件“1=1”后，保证了 WHERE 后面的条件成立，又避免了 WHERE 后面第一个词是 AND 或者 OR 之类的关键词。那么在 MyBatis 中，有没有什么办法不用加入这样的条件，也能使拼接后的 SQL 语句成立呢？

（二）where 元素

where 元素的作用是在写入 where 元素的地方输出一个 where，另一个好处是不需要考虑 where 元素里面的条件输出是什么样子的，MyBatis 会智能地处理好，如果所有的条件都不满足，MyBatis 就会查出所有的记录，如果查询结果输出后是以 AND 开头的，MyBatis 就会把第一个 AND 忽略，当然如果是以 OR 开头的，MyBatis 就也会把它忽略；此外，在 where 元素中不需要考虑空格的问题，MyBatis 将智能地加上。

【例 5-10】 where 元素的应用。

（1）复制 MyBatisDemo9 项目，并修改项目名称为 MyBatisDemo10。

（2）在 it.com.dao 包中修改 StduentDao 接口，增加以下接口方法的代码。

```
package it.com.dao;
public interface StudentDao{
     List<Student> selectStudent(Student stu);
}
```

（3）编写 StudentMapper.xml。

```
<mapper namespace="it.com.dao.StudentDao">
    <resultMap type="Student" id="StudentCourseResultMap">
        <id column="sid" property="sid" />
        <result column="sname" property="sname" />
        <association property="teacher" column="supervisor_id" javaType="Teacher" resultMap=
"it.com.dao.TeacherDao.teacherResultMap"></association>
        <collection property="lstCourse" ofType="Course"  resultMap="it.com.dao.CourseDao.
CourseResultMap"></collection>
    </resultMap>
<select id="selectStudent" parameterType="Student" resultMap="StudentCourseResultMap">
```

```
        SELECT c.cid,c.cname,student.sid,student.sname,student.supervisor_id,teacher.tname
    FROM (course AS c ,student) INNER JOIN stucourse ON stucourse.c_id = c.cid AND stucourse.s_id = 
student.sid  INNER JOIN teacher ON student.supervisor_id = teacher.tid
        <where>
           <if test="sname!=null and sname!=''">
               sname=#{sname}
          </if>
          <if test="teacher.tname!=null and teacher.tname!=''">
               or teacher.tname=#{teacher.tname}
        </if>
        </where>
   </select>
  </mapper>
```

where 元素知道只有在一个以上的 if 条件有值的情况下才去插入“WHERE”子句。而且，若最后的内容是“AND”或“OR”开头的，where 元素也知道如何将它们去除。

（4）编写测试类。

```
    package it.com.test;
    public class TestMybatis {
        public static void main(String[] args) {
            SqlSession session = SessionFactoryUtil.getSession();
            StudentDao stuDao = session.getMapper(StudentDao.class);
            Student stu = new Student();
            stu.setSname("张三");
            Teacher teacher = new Teacher();
            teacher.setTname("王老师");
            stu.setTeacher(teacher);
            List<Student> lstStudent = stuDao.selectStudent(stu);
            if (lstStudent.size() > 0) {
                for (Student student : lstStudent) {
                    System.out.println(student.toString());
                }
            }
            else
                System.out.println("查询失败");
            session.close();
        }
    }
```

（5）程序运行结果。

```
    学生学号:s01,学生姓名:张三 指导老师：张老师  学生所选课程：[---课程 ID:   c01 课程名称：计算机基础---,
     ---课程 ID:   c03 课程名称：JAVA 程序设计---]

    学生学号:s03,学生姓名:王五 指导老师：王老师  学生所选课程：[---课程 ID:   c03 课程名称：JAVA 程序设计---]
```

（三）set 元素

set 元素主要是用在更新操作的时候，它的主要功能和 where 元素其实是差不多的，主要是在包含的语句前输出一个 set，如果包含的语句是以逗号结束的话就会把该逗号忽略，如果 set 包含的内容为空的话就会出错，所以在使用 set 元素进行字符信息更新时，要确保输入的更新字段不能都为空。有了 set 元素我们就可以动态地更新那些需要修改的字段。

【例 5-11】 set 元素的应用。

（1）复制 MyBatisDemo10 项目，并修改项目名称为 MyBatisDemo11。

（2）在 it.com.dao 包中修改 StduentDao 接口，增加以下接口方法的代码。

```
package it.com.dao;
public interface StudentDao{
    int  updateStudent(Student stu);
}
```

（3）编写 StudentMapper.xml。

```
<mapper namespace="it.com.dao.StudentDao">
  <update id="updateStudent" parameterType="Student">
    UPDATE student
      <set>
        <if test="sname!=null and sname!=''">sname=#{sname} , </if>
        <if    test="teacher!=null and  teacher.tid!=null and teacher.tid!=''">supervisor_id=
#{teacher.tid} , </if>
      </set>
    WHERE sid=#{sid}
  </update>
</mapper>
```

（4）编写测试类。

```
package it.com.test;
public class TestMybatis {
    public static void main(String[] args) {
        SqlSession session = SessionFactoryUtil.getSession();
        StudentDao stuDao = session.getMapper(StudentDao.class);
        Student stu = new Student();
        stu.setSid("s01");
        stu.setSname("张三");
        Teacher teacher = new Teacher();
        teacher.setTid("t03");
        stu.setTeacher(teacher);
        int result= stuDao.updateStudent(stu);
        if (result > 0)
            System.out.println("更新成功");
        else
            System.out.println("更新失败");
        session.commit();
        session.close();
    }
}
```

（四）trim 元素

在 MyBatis 中，除了使用 if+where 实现多条件查询，还有一个更为灵活的 trim 元素可以替代之前的做法。

trim 元素也会自动识别其元素内是否有返回值，如果有返回值，就在自己包含的内容前加上某些前缀，也可在其后加上某些后缀，与之对应的属性是 prefix 和 suffix。trim 元素也可把包含内容首部的某些内容覆盖（即忽略），或者把尾部的某些内容覆盖，与之对应的属性是 prefixOverrides 和 suffixOverrides。正因为 trim 元素有这样强大的功能，我们才可以利用 trim 元素来替代 where 元素，并实现与 where 元素相同的效果。接下来就改造【例 5-10】中的示例代码。

修改代码如下所示。

```
<select id="selectStudent" parameterType="Student"
    resultMap="StudentCourseResultMap">
```

```
        SELECT c.cid, c.cname, student.sid, student.sname,       student.supervisor_id,
teacher.tname        FROM (course AS c , student)        INNER        JOIN stucourse ON
        stucourse.c_id = c.cid AND stucourse.s_id =        student.sid        INNER JOIN
        teacher ON student.supervisor_id = teacher.tid
        <trim prefix="where" prefixOverrides="and|or">
          <if test="sname!=null and sname!=''">
             sname=#{sname}
          </if>
          <if test="teacher.tname!=null and teacher.tname!=''">
             or teacher.tname=#{teacher.tname}
        </if>
       </trim>
    </select>
```

通过该示例代码，我们来了解一下 trim 元素的属性。

① prefix：前缀，作用是通过自动识别是否有返回值后，在 trim 元素包含的内容上加上前缀，如此处的 where。

② suffix：后缀，作用是在 trim 元素包含的内容上加上后缀。

③ prefixOverrides：对于 trim 元素包含内容的首部进行指定内容（如此处的“and|or”）的忽略。

④ suffixOverrides：对于 trim 元素包含内容的尾部进行指定内容的忽略。

（五）choose、when、otherwise 元素

有时候我们并不想应用所有的条件，而只是想从多个选项中选择一个，这时 MyBatis 提供了 choose 元素。if 元素是“与（and）”的关系，而 choose 元素是“或（or）”的关系。

choose 元素是按顺序判断其内部 when 元素中的 test 条件是否成立，如果有一个成立，choose 元素就结束。当 choose 元素中所有 when 元素的条件都不满足时，则执行 otherwise 元素中的 SQL 语句，类似于 Java 中的 switch 语句。choose 元素类似于 switch 语句，when 元素类似于 case 语句，otherwise 类似于 default 语句。

【例 5-12】 choose 元素的应用。

（1）复制 MyBatisDemo11 项目，并修改项目名称为 MyBatisDemo12。

（2）在 it.com.dao 包中修改 StduentDao 接口，增加以下接口方法的代码。

```
package it.com.dao;
public interface StudentDao{
      List<Student> getStudent(Student stu);
}
```

（3）编写 StudentMapper.xml。

```
<mapper namespace="it.com.dao.StudentDao">
    <resultMap type="Student" id="StudentCourseResultMap">
        <id column="sid" property="sid" />
        <result column="sname" property="sname" />
        <association property="teacher" column="supervisor_id" javaType="Teacher" resultMap=
"it.com.dao.TeacherDao.teacherResultMap"></association>
        <collection property="lstCourse" ofType="Course"  resultMap="it.com.dao.CourseDao.
CourseResultMap"></collection>
    </resultMap>

<select id="getStudent" parameterType="Student" resultMap="StudentCourseResultMap">
  SELECT c.cid, c.cname, student.sid,student.sname,student.supervisor_id, teacher.tname
        FROM (course AS c ,student) INNER JOIN stucourse ON    stucourse.c_id = c.cid AND
```

```
        stucourse.s_id =    student.sid
        INNER JOIN teacher ON student.supervisor_id= teacher.tid    where 1=1
        <choose>
            <when test="sid!=null and sid!=''">
                and sid=#{sid}
            </when>
            <when test="sname!=null and sname!=''">
                and sname=#{sname}
            </when>
            <when
                test="teacher!=null and teacher.tname!=null and teacher.tname!=''">
                and teacher.tname=#{teacher.tname}
            </when>
            <otherwise></otherwise>
        </choose>
 </select>
</mapper>
```

（4）编写测试类。

```
package it.com.test;
public class TestMybatis {
    public static void main(String[] args) {
        SqlSession session = SessionFactoryUtil.getSession();
        StudentDao stuDao = session.getMapper(StudentDao.class);
        Student stu = new Student();
        stu.setSid("s02");
        stu.setSname("张三");
        Teacher teacher = new Teacher();
        teacher.setTname("王老师");
         stu.setTeacher(teacher);
        List<Student> lstStudent = stuDao.getStudent(stu);
        if (lstStudent.size() > 0) {
            for (Student student : lstStudent) {
                System.out.println(student.toString());
            }
        }
        else
            System.out.println("查询失败");
        session.close();
    }
}
```

（5）程序运行结果。

```
学生学号:s02,学生姓名:李四 指导老师：张老师  学生所选课程：[---课程 ID：  c01 课程名称：计算机基础---]
```

从上面的运行结果可以看出，虽然同时输入了学生的学号、姓名及教师的姓名，但是 MyBatis 所生成的 SQL 语句只是动态组装了学生的学号进行条件查询。

要是将上述代码中的“stu.setSid("s02");”注释掉，然后再次执行 stuDao.getStudent(stu) 方法时，那么控制台的输出结果如下。

```
学生学号:s01,学生姓名:张三 指导老师：张老师  学生所选课程：[---课程 ID：  c01 课程名称：计算机基础---,
---课程 ID：  c03 课程名称：JAVA 程序设计---]
```

从结果可以看出，MyBatis 所生成的 SQL 语句只是动态组装了学生的姓名进行条件查询。

如果将设置学生的学号和姓名参数值的两行代码都注释掉，程序就只会查询出王老师所指导的所有学生的信息。

要是把所有的条件都注释掉，那么 MyBatis 的 SQL 语句组装了<otherwise>元素，即查询所有学生的信息。

（六）foreach 元素

动态 SQL 语句的另外一个常用的操作需求是对一个集合进行遍历，通常是在构建 in 条件语句的时候。例如如下代码。

```
<select id="selectStudentIn" resultMap="stuMap">
  select * from student where sid in
  <foreach collection="list" index="index" item="item" open="(" separator="," close=")">
      #{item}
  </foreach>
</select>
```

foreach 元素的功能非常强大，它允许指定一个集合，声明可以在元素体内使用的集合项（Item）和索引（Index）变量，也允许指定开头与结尾的字符串及在迭代结果之间放置分隔符。这个元素是很智能的，因此不会偶然地附加多余的分隔符。

（1）collection 属性指定接收的是什么集合。

（2）open 属性指定开头的符号。

（3）close 属性指定结尾的符号。

（4）separator 属性指定迭代结果之间的分隔符。

（5）item 属性存储每次迭代的集合元素（Map 集合时为数值 value）。

（6）index 属性存储每次迭代的索引（Map 集合时为键值 key）。

在使用 foreach 元素时最关键也最容易出错的就是 collection 属性，该属性是必须指定的，但是在不同的情况下，该属性的值是不一样的，主要有以下 3 种情况。

（1）如果输入的是单参数且参数类型是 List 时，collection 属性值就为 List。

（2）如果输入的是单参数且参数类型是数组时，collection 的属性值就为 Array。

（3）如果输入的参数是多个时，我们就需要把它们封装成一个 Map 了，当然单参数也可以封装成 Map。Map 的 key 就是参数名，collection 属性值就是输入的 List 或数组对象在自己封装的 Map 里面的 key。

【例 5-13】 foreach 元素的应用。

（1）复制 MyBatisDemo12 项目，并修改项目名称为 MyBatisDemo13。

（2）在 it.com.dao 包中修改 StduentDao 接口，增加以下接口方法的代码。

```
package it.com.dao;
public interface StudentDao{
    List<Student> getStudentByForeach(List<String> lstSid);
}
```

（3）编写 StudentMapper.xml。

```
<mapper namespace="it.com.dao.StudentDao">
    <resultMap type="Student" id="StudentCourseResultMap">
        <id column="sid" property="sid" />
        <result column="sname" property="sname" />
        <association property="teacher" column="supervisor_id" javaType="Teacher" resultMap=
"it.com.dao.TeacherDao.teacherResultMap"></association>
        <collection property="lstCourse" ofType="Course"  resultMap="it.com.dao.
CourseDao.CourseResultMap"></collection>
    </resultMap>
```

```
    <select id="getStudentByForeach"      resultMap="StudentCourseResultMap">
        SELECT c.cid, c.cname, student.sid,student.sname,student.supervisor_id, teacher.tnam
FROM (course AS c ,student)    INNER    JOIN stucourse ON
        stucourse.c_id = c.cid AND        stucourse.s_id = student.sid
        INNER JOIN
        teacher ON student.supervisor_id = teacher.tid
        where student.sid in
        <foreach collection="list" item="item" open="(" separator="," close=")">
         #{item}
        </foreach>
    </select>
</mapper>
```

（4）编写测试类。

```
package it.com.test;
public class TestMybatis {
    public static void main(String[] args) {
        SqlSession session = SessionFactoryUtil.getSession();
        StudentDao stuDao = session.getMapper(StudentDao.class);
        List<String> lstSid=new  ArrayList<>();
        lstSid.add("s01");
        lstSid.add("s02");
        lstSid.add("s03");
        lstSid.add("s04");
        lstSid.add("s05");
        List<Student> lstStudent = stuDao.getStudentByForeach(lstSid);
        if (lstStudent.size() > 0) {
            for (Student student : lstStudent) {
                System.out.println(student.toString());
            }
        }
        else
            System.out.println("查询失败");
        session.close();
    }
}
```

（5）程序运行结果。

```
学生学号:s01,学生姓名:张三 指导老师：张老师  学生所选课程：[---课程 ID:   c01 课程名称：计算机基础---,
---课程 ID:   c03 课程名称：JAVA 程序设计---]
学生学号:s02,学生姓名:李四 指导老师：张老师  学生所选课程：[---课程 ID:   c01 课程名称：计算机基础---]
学生学号:s03,学生姓名:王五 指导老师：王老师  学生所选课程：[---课程 ID:   c03 课程名称：JAVA 程序设计---]
学生学号:s04,学生姓名:赵六 指导老师：王老师  学生所选课程：[---课程 ID:   c04 课程名称：JSP 动态网站开发---]
```

任务五 项目小结

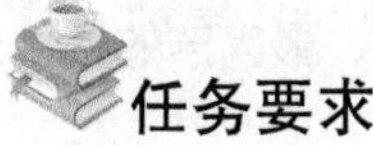

任务要求

本任务要求回顾本章主要内容。

任务实现

本项目首先对开发中涉及的数据表之间及对象之间的关联关系做了简要介绍，并由此引出了MyBatis 框架中对关联关系的处理；然后通过案例对 MyBatis 框架处理实体对象之间的 3 种关联关系进行了详细讲解。最后对 MyBatis 框架的动态 SQL 语句做了简要介绍。通过本项目的学习，读者可以了解常用动态 SQL 语句的主要作用，并能够掌握这些元素在实际开发中的使用。

任务六 拓展练习

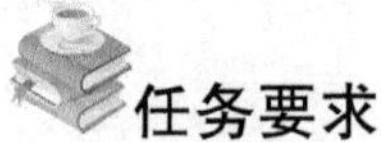

任务要求

本任务通过一个程序使大家简单了解 MyBatis 与 Spring 框架的过程。

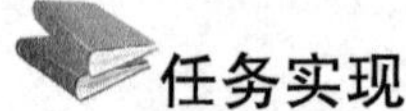

任务实现

【实训】框架整合示例。

（1）导入相关 jar 包。

① MyBatis 的 jar 包。

② Spring 的 jar 包。

③ MyBatis 与 Spring 的整合 jar 包（mybatis-spring-1.3.2）。

④ 数据库驱动 jar 包（mysql-connector-java-5.1.30-bin.jar）。

⑤ 数据源所需的 jar 包（commons-pool2-2.6.2，commons-dbcp2-2.6.0）。

（2）修改 mybatis-configuration.xml 里的文件，通过与 Spring 的整合，MyBatis 的 sessionFactory 交由 Spring 来创建，此时所有 mybatis-configuration.xml 文件中只有定义类的别名和对应的映射文件。

```
<configuration>
    <typeAliases>
        <typeAlias alias="Teacher" type="it.com.po.Teacher" />
        <typeAlias alias="Student" type="it.com.po.Student" />
        <typeAlias alias="Course" type="it.com.po.Course" />
    </typeAliases>
    <mappers>
        <mapper resource="it/com/po/StudentMapper.xml" />
        <mapper resource="it/com/po/TeacherMapper.xml" />
        <mapper resource="it/com/po/CourseMapper.xml" />
    </mappers>
</configuration>
```

（3）创建 dao 包。

修改 StudentDao 接口，将该接口使用@Mapper 注解为 Mapper，接口中的方法与 SQL 映射文件一致。使用 Spring 管理 MyBatis 数据操作接口的方式有多种，其中最常用、最简洁的是基于 MapperScannerConfigurer 的整合。

```
package it.com.dao;
@Repository("studentDao")
```

```
@Mapper
//使用 Spring 自动扫描 MyBatis 的接口并装配
public interface StudentDao {
    List<Student> selectAllStudentCourse();
}
```

（4）编写 StudentMapper.xml 配置文件。

```
<mapper namespace="it.com.dao.StudentDao">
    <resultMap type="Student" id="StudentCourseResultMap">
        <id column="sid" property="sid" />
        <result column="sname" property="sname" />
        <association property="teacher" column="supervisor_id"    javaType="Teacher"  resultMap="it.
com.dao.TeacherDao.teacherResultMap"></association>
        <collection property="lstCourse" ofType="Course"
            resultMap="it.com.dao.CourseDao.CourseResultMap"></collection>
    </resultMap>
    <select id="selectAllStudent" resultMap="StudentCourseResultMap">
        SELECT * FROM student s JOIN teacher t ON    s.supervisor_id=t.tid
    </select>
</mapper>
```

（5）创建控制层。

在 src 目录下创建一个名为 it.com.service 的包，在包中创建 StudentService 类，在该类中调用数据访问接口中的方法。

```
package it.com.service;
@Service("studentService")
public class StudentService {
    @Resource(name = "studentDao")
    private StudentDao studentDao;
    public void test() {
        List<Student> lstStu = studentDao.selectAllStudentCourse();
        for (Student stu : lstStu) {
            System.out.println(stu.toString());
        }
    }
}
```

（6）创建 Spring 的配置文件。

在 src 目录下创建 applicationContext.xml 配置文件，其主要包括配置数据源、MyBatis 工厂及 Mapper 代理开发等信息。

```
<?xml version="1.0" encoding="UTF-8"?>
<beans xmlns="http://www.springframework.org/schema/beans"
    xmlns:xsi="http://www.w3.org/2001/XMLSchema-instance"
xmlns:p="http://www.springframework.org/schema/p"
    xmlns:aop="http://www.springframework.org/schema/aop"
xmlns:context="http://www.springframework.org/schema/context"
    xmlns:jee="http://www.springframework.org/schema/jee"
xmlns:tx="http://www.springframework.org/schema/tx"
    xsi:schemaLocation="
        http://www.springframework.org/schema/aop
http://www.springframework.org/schema/aop/spring-aop.xsd
        http://www.springframework.org/schema/beans
http://www.springframework.org/schema/beans/spring-beans.xsd
        http://www.springframework.org/schema/context
http://www.springframework.org/schema/context/spring-context.xsd
```

```
         http://www.springframework.org/schema/jee
http://www.springframework.org/schema/jee/spring-jee.xsd
         http://www.springframework.org/schema/tx
http://www.springframework.org/schema/tx/spring-tx.xsd">

       <!-- 加载数据库属性配置文件 -->
       <context:property-placeholder location="classpath:db.properties" />
       <!-- 配置数据源 -->
       <bean id="dataSource" class="org.apache.commons.dbcp2.BasicDataSource"
           destroy-method="close">
           <property name="driverClassName" value="${driver}" />
           <property name="url" value="${url}" />
           <property name="username" value="${user}" />
           <property name="password" value="${password}" />
           <!-- 初始化连接大小 -->
           <property name="initialSize" value="5" />
           <!-- 连接池最大数量 -->
           <property name="maxTotal" value="30" />
           <!-- 连接池最大空闲 -->
           <property name="maxIdle" value="25" />
           <!-- 连接池最小空闲 -->
           <property name="minIdle" value="10" />
       </bean>

       <!-- 配置事务管理器 -->
       <bean id="transactionManager"
           class="org.springframework.jdbc.datasource.DataSourceTransactionManager">
           <property name="dataSource" ref="dataSource" />
       </bean>

       <!-- 开启事务注解 -->
       <tx:annotation-driven transaction-manager="transactionManager" />

       <!--配置 MyBatis 工厂， spring 和 MyBatis 完美整合，不需要 mybatis 的配置映射文件 -->
       <bean id="sqlSessionFactory" class="org.mybatis.spring.SqlSessionFactoryBean">
           <property name="dataSource" ref="dataSource" />
           <!-- 指定核心配置文件的位置 -->
           <property name="configLocation" value="classpath:mybatis-configuration.xml" />
       </bean>

       <!-- 自动加载构建 bean，使注解生效 -->
       <context:component-scan base-package="it.com" />

       <!-- Dao 接口所在包名，Spring 会自动查找其下的类 ,包下的类需要使用@MapperScan 注解,否则容器注入会失败 -->
       <bean class="org.mybatis.spring.mapper.MapperScannerConfigurer">
           <property name="basePackage" value="it.com.dao" />
           <property name="sqlSessionFactoryBeanName" value="sqlSessionFactory" />
       </bean>
   </beans>
```

（7）创建测试类。

```
   public class TestMybatis {
       public static void main(String[] args) {
           ApplicationContext applicationContext=new  ClassPathXmlApplicationContext
("applicationContext.xml");
           StudentService  studentService    = (StudentService) applicationContext.getBean
```

```
("studentService");
            studentService.test();
        }
    }
```

（8）运行结果。

```
学生学号:s01,学生姓名:张三 指导老师：张老师  学生所选课程：[---课程 ID:   c01 课程名称：计算机基础---
, ---课程 ID:   c03 课程名称：JAVA 程序设计---]
学生学号:s02,学生姓名:李四 指导老师：张老师  学生所选课程：[---课程 ID:   c01 课程名称：计算机基础--]
学生学号:s03,学生姓名:王五 指导老师：王老师  学生所选课程：[---课程 ID:   c03 课程名称：JAVA 程序设计---]
```

课后练习

1. 填空题

（1）MyBatis 中的“#{}”是__________，“${}”是\_\_\_\_\_\_\_\_。在处理“#{}”时，会将 SQL 中的“#{}”替换为\_\_\_\_\_，调用 PreparedStatement 的 set 方法来赋值；在处理“${}”时，就是把“${}”替换成__________。

（2）MyBatis 中多表映射时，一对一使用________关键字，将结果映射到单个对象；一对多使_____关键字，将结果映射至集合。

2. 选择题

（1）MyBatis 指定配置文件的根元素使用的是（　　）。

A. <sqlMapConfig>　　B. <configuration>

C. <setting>　　D. <enwironments>

（2）在 Mybatis 中，下列关于 ResultType 说法错误的是（　　）。

A. resultType 表示返回值类型为完整类名或别名，MyBatis 也允许使用基本的数据类型，包括字符串、整数（Integer，Int）类型

B. resultType 和 resultMap 的数据结构是一样的，都是 Map 结构

C. 如果 POJO 的属性名与 SQL 语句查询出来的字段名不一致，就可使用 resultType 来进行结果的自动映射

D. resultType 和 resultMap 不能同时使用

（3）在 MyBatis 的 Mapper 文件中，以下选项配置错误的是（　　）。

A. <select id="queryUserById" resultType="hashmap" parameterType="int">
<![CDATA[SELECT * FROM user u WHERE u.id=#{id}]]>
</select〉

B. <delete id="delctcUscrById" parasieterType ="int">
<![CDATA[DELETE FROM user WHERE id=#{id}]]>
</delete〉

C. <update id="updateUser" parameterType="com.project.model.User">
<![CDATA[UPDATE user SET username=#{username}, passvd=#{passvd} WHERE id=#{id}]]>
</update〉

D. <insert id="addUser" resultType="com.project.model.User">

<![CDATA[INSERT INTO user(username, passwd, id) VALUES (#{username},#{passwd}, #{id})]]>
</insert>

（4）在 Mybatis 中，关于<resultmap>和<collection>元素的说法错误的是（ ）。（选两项）

A. <collection>通过 property 属性指定实体类中集合属性的名字
B. <collection>通过 javaType 属性指定集合中每个元素的类型
C. <collection>通过 javaType 属性指定集合的类型
D. <collection>通过 type 属性指定集合的类型

（5）通过以下配置判断，下列描述中正确的是（ ）。

```
<resultMap id="goodsResultMap" type="con.qunar.scoresysten.bean.Goods">
<id property="goodsId" column="goods_id"/>
<result property="goodsName" column="goods-name"/>
<result property="goodsStorageHum" column="goods_storage_num"/>
<result property="goodsScore" colunn="goods_score" />
<result property="goodsDescription" colunn="goods_description"/>
<result property="goodsStatus" colunn="goods_status" />
<collection property="goodsImgs" resultMap="goodsImgResult"/>
</resultMap>
```

A. Goods 类中可能有一个 List 集合
B. Goods 类中可能有一个 GoodImage 对象
C. Goods 类中可能有一个 Map 集合
D. Goods 类中可能有一个 Set 集合

3. 简答题

（1）MyBatis 实现一对一有几种方式？具体怎么操作？
（2）MyBatis 里的动态 SQL 是怎么设定的?用什么语法?

4. 编程题

使用 foreach 元素添加若干学生信息，学生的指导老师随机指定。

项目六

Spring MVC 体系结构和处理请求控制器

本项目重点讲解 Spring MVC 的体系结构和处理请求控制器。通过本项目的学习，读者应该了解 Spring MVC 框架的整合思路，掌握 Spring MVC 框架的整合环境构建。

课堂学习目标

Spring MVC 环境构建
Spring MVC 传参方式
配置视图解析器（ViewResolver）

任务一 使用 Spring MVC 进行环境搭建

任务要求

本任务要求了解 Spring MVC 的概念、进行 Spring MVC 环境搭建和掌握 Spring MVC 的请求处理流程及体系结构。

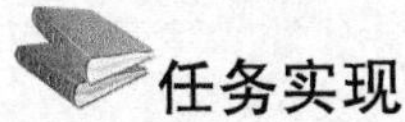

任务实现

（一）认识 Spring MVC

Spring MVC 是 Spring 框架中用于 Web 应用开发的一个模块，是 Spring 提供的一个基于 MVC 设计模式的优秀 Web 开发框架。它本质上相当于 Servlet。在 MVC 设计模式中，Spring MVC 作为控制器（Controller）来建立模型与视图的数据交互，是结构最清晰的 MVC Model 2 模式的实现，是一个典型的 MVC 框架，如图 6-1 所示。

如图所示，在 Spring MVC 框架中，控制器（Controller）替代 Servlet 来负责控制器的职责，控制器（Controller）接受请求，调用相应的模型（Model）进行处理，处理器完成业务处理后返回处理结果。控制器（Controller）调用相应的视图（View）对处理结果进行渲染，最终传送响应消息到用户（Actor）。

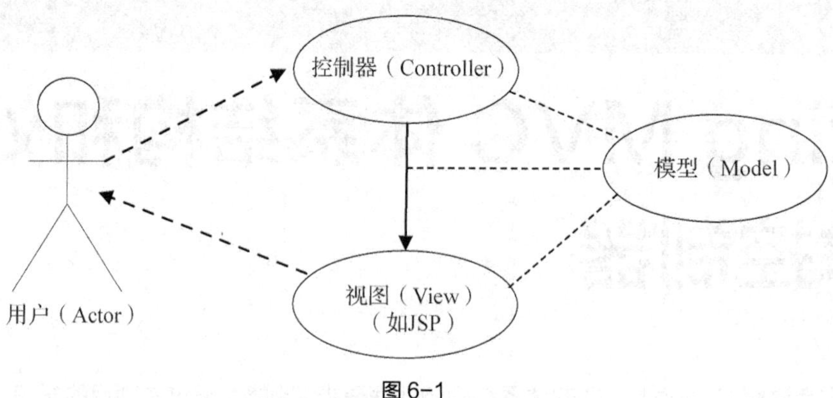

图 6-1

由于 Spring MVC 的结构较为复杂，上述只是对其框架结构的一个简单描述。下面我们通过搭建 Spring MVC 环境，实现一个简单的例子来体验 Spring MVC 是如何使用的，从而更深入地了解它的架构模型及请求处理流程。

（二）环境搭建

微课：Webapp 项目的创建

在 IntelliJ IDEA 2018 中新建 Maven 的 Webapp 项目后，使用 Spring MVC 框架的步骤如下。

（1）通过 pom.xml 引入 jar 包。

（2）创建 Spring MVC 的配置文件：在 web.xml 中配置 Servlet，定义 DispatcherServlet。

（3）创建处理请求的控制器（Controller）。

（4）创建 View（本书中我们使用 JSP 作为视图）。

（5）部署运行。

使用 Spring MVC 框架的具体步骤如下。

（1）用 pom.xml 下载需要的 jar 包，具体代码如【例 6-1】所示。

【例 6-1】

```
<properties>
        <!-- spring 版本号 -->
        <spring.version>4.0.2.RELEASE</spring.version>
 </properties>
  <dependencies>
    <dependency>
      <groupId>org.springframework</groupId>
      <artifactId>spring-web</artifactId>
      <version>4.2.5.RELEASE</version>
    </dependency>
    <dependency>
      <groupId>org.springframework</groupId>
      <artifactId>spring-webmvc</artifactId>
      <version>4.2.5.RELEASE</version>
    </dependency>
    <dependency>
      <groupId>org.springframework</groupId>
```

```
        <artifactId>spring-context</artifactId>
        <version>4.2.5.RELEASE</version>
      </dependency>
      <dependency>
        <groupId>javax.servlet</groupId>
        <artifactId>servlet-api</artifactId>
        <version>2.3</version>
      </dependency>
      <dependency>
        <groupId>javax.servlet.jsp</groupId>
        <artifactId>jsp-api</artifactId>
        <version>2.2</version>
      </dependency>
    </dependencies>
```

我们已经下载了 Spring 的 jar 包，其中包含了 Spring MVC 框架所需的 jar 包。

① Spring-web-4.2.5.RELEASE.jar：在 Web 应用开发时使用 Spring 框架所需的核心类。

② Spring-webmvc-4.2.5.RELEASE.jar：Spring MVC 框架相关的所有类，其中包含框架的 Servlets、Web MVC 框架及对控制器和视图的支持。Spring MVC 的最小依赖 jar 包如图 6-2 所示。

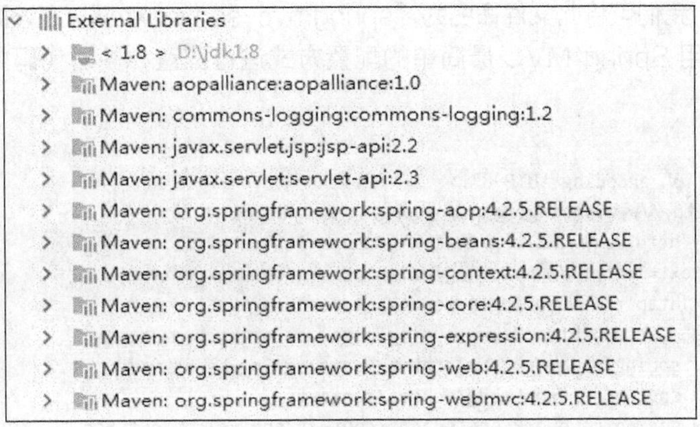

External Libraries
- < 1.8 > D:\jdk1.8
- Maven: aopalliance:aopalliance:1.0
- Maven: commons-logging:commons-logging:1.2
- Maven: javax.servlet.jsp:jsp-api:2.2
- Maven: javax.servlet:servlet-api:2.3
- Maven: org.springframework:spring-aop:4.2.5.RELEASE
- Maven: org.springframework:spring-beans:4.2.5.RELEASE
- Maven: org.springframework:spring-context:4.2.5.RELEASE
- Maven: org.springframework:spring-core:4.2.5.RELEASE
- Maven: org.springframework:spring-expression:4.2.5.RELEASE
- Maven: org.springframework:spring-web:4.2.5.RELEASE
- Maven: org.springframework:spring-webmvc:4.2.5.RELEASE

图 6-2

（2）在 web.xml 中配置 Servlet。

Spring MVC 是基于 Servlet 的框架，DispatcherServlet 是整个 Spring MVC 框架的核心，它负责截获请求并将其分派给相应的处理器处理。那么配置 Spring MVC，首先就要进行 DispatcherServlet 的配置，当然与所有的 Servlet 一样，用户必须在 web.xml 中进行配置。关键代码如【例 6-2】所示。

【例 6-2】

```
<!--配置 Spring MVC 的核心控制器 DispatcherServlet-->
<servlet>
  <servlet-name>springmvc</servlet-name>
  <servlet-class>
    org.springframework.web.servlet.DispatcherServlet
  </servlet-class>
  <init-param>
    <param-name>contextConfigLocation</param-name>
```

```
        <param-value>classpath:springmvc-servlet.xml</param-value>
      </init-param>
      <load-on-startup>1</load-on-startup>
    </servlet>
    <servlet-mapping>
      <servlet-name>springmvc</servlet-name>
      <url-pattern>/</url-pattern>
    </servlet-mapping>
```

在上述代码中，配置了一个名为“springmvc”的 Servlet。该 Servlet 是 DispatcherServlet 类型。它是 Spring MVC 的入口，并通过“<load-on-startup>1</load-on-startup>”配置标记容器，在启动的时候就加载此 DispatcherServlet，即自动启动，然后通过 servlet-mapping 映射到“/”，即 DispatcherServlet 需要截获并处理该项目的所有 URL 请求。

在配置 DispatcherServlet 的时候，通过设置 contextConfigLocation 参数来指定 Spring MVC 配置文件的位置，此处使用配置 Spring 资源路径的方式进行指定（classpath:springmvc-servlet.xml），使 springmvc-servlet.xml 生效。

（3）创建 Spring MVC 的配置文件 springmvc-servlet.xml。

在项目工程下创建 resource 目录（设定为 Resource Folder，资源文件夹），并在此目录下添加 Spring MVC 的 XML 配置文件。为了方便框架集成时各个配置文件有更好的区分，我们可将此文件命名为“springmvc-servlet.xml”。在该配置文件中，我们使用 Spring MVC 最简单的配置方式进行配置，关键代码如【例 6-3】所示。

微课：创建 resource 目录

【例 6-3】

```
<?xml version="1.0" encoding="UTF-8"?>
<beans xmlns="http://www.springframework.org/schema/beans"
       xmlns:xsi="http://www.w3.org/2001/XMLSchema-instance"
       xmlns:context="http://www.springframework.org/schema/context"
       xmlns:mvc="http://www.springframework.org/schema/mvc"
       xsi:schemaLocation="http://www.springframework.org/schema/beans
       http://www.springframework.org/schema/beans/spring-beans.xsd
       http://www.springframework.org/schema/context
       http://www.springframework.org/schema/context/spring-context.xsd
       http://www.springframework.org/schema/mvc
       http://www.springframework.org/schema/mvc/spring-mvc.xsd">
  <bean name="/index" class="com.ssm.controller.IndexController"/>
   <!--ViewResolver 视图解析器-->
   <!--用于支持Servlet、JSP视图解析-->
   <bean id="jspViewResolver" class="org.springframework.web.servlet.view.
InternalResourceViewResolver">
      <property name="viewClass" value="org.springframework.web.servlet.view.JstlView"/>
      <property name="prefix" value="/WEB-INF/jsp/"/>
      <property name="suffix" value=".jsp"/>
   </bean>
</beans>
```

在上述配置中，主要完成以下两部分内容。

① 配置处理器映射

在【例 6-2】的配置中，我们在 web.xml 中配置了 DispatcherServlet，并配置了哪些请求需要通过此 Servlet 进行处理，接下来 DispatcherServlet 要将一个请求交给哪一个 Controller 处理呢？它需要咨询一个名为“HandlerMapping”的 Bean，之后把一个 URL 请求指定给一个

Controller 处理。Spring 提供了多种处理器映射（HandlerMapping）的支持，如下所示。

a. org.springframework.web.servlet.handler.BeanNameUrlHandlerMapping

b. org.springframework.web.servlet.handler.SimpleUrlHandlerMapping

c. org.springframework.web.servlet.mvc.method.annotation.RequestMappingHandlerMapping

可以根据需求选择处理器映射，此处我们使用 BeanNameUrlHandlerMapping（注意：若没有明确声明任何处理器映射，Spring 会默认使用 BeanNameUrlHandlerMapping），即在 Spring 容器中查找与请求 URL 同名的 Bean。这个映射不需要配置，根据请求的 URL 路径即可映射到控制器 Bean 的名称，如以下代码所示。

```
<bean name="/index" class="com.ssm.controller.IndexController"/>
```

指定的 URL 请求：/index。

处理该 URL 请求的控制器：com.ssm.controller.IndexController。

② 配置视图解析器。

处理请求的最后一件必要的事情就是渲染输出，这个任务由视图（本书中使用 JSP）实现，那么需要确定的是，指定的请求需要由哪个视图进行请求结果的渲染输出。DispatcherServlet 会查找到一个视图解析器，将控制器返回的逻辑视图转换成渲染结果的实际视图。

Spring 提供了多种视图解析器，如下所示。

a. org.springframework.web.servlet.view.InternalResourceViewResolver

b. org.springframework.web.servlet.view.ContentNegotiatingViewResolver

此处我们使用 InternalResourceViewResolver 定义该视图解析器，通过配置前缀和后缀，将视图逻辑名解析为/WEB-INF/jsp/<viewName>.jsp。

（4）创建 Controller。

到目前为止，Spring MVC 的相关环境配置已经完成，接下来编写 Controller 和 View，然后就可以测试运行了。

在 src 的 main 包下新建 java 包，在 java 包下新建包 com.ssm.controller，并在该包下新建 class：IndexController。

如何将该 JavaBean 变成一个可以处理前端请求的控制器呢？需要继承 org.springframework.web.servlet.mvc.AbstractController，并实现 handleRequestInternal 方法。关键代码如【例 6-4】所示。

【例 6-4】

```
package com.ssm.controller;
import org.springframework.web.servlet.ModelAndView;
import org.springframework.web.servlet.mvc.AbstractController;
public class IndexController extends AbstractController {
    protected ModelAndView handleRequestInternal(javax.servlet.http.HttpServletRequest
httpServletRequest, javax.servlet.http.HttpServletResponse httpServletResponse) throws Exception {
        System.out.println("hello,SpringMVC!");//控制台输出信息
        return new ModelAndView("index");
    }
}
```

上述代码中，控制器处理方法的返回值为 ModelAndView 对象，该对象既包含视图信息，又包含模型数据信息，这样 Spring MVC 就可以使用视图对模型数据进行渲染。该例最后一行代码中的“index”就是逻辑视图名称，由于该例不需要返回模型数据，故 Model 为空，没有进行相关的设置。

(5)创建 View。

在配置视图解析器时，根据所定义的前缀即“/WEB-INF/jsp”和后缀即“.jsp”，我们需要在 WEB-INF 下创建 jsp 文件夹，再在该文件夹下创建真正的 JSP 视图即“index.jsp”，并在该视图上输出“hello，Spring MVC!”。关键代码如【例 6-5】所示。

【例 6-5】

```
<%@ page contentType="text/html;charset=UTF-8" language="java" %>
<html>
<head>
    <title>Title</title>
</head>
<body>
    <h1>hello,Spring MVC!</h1>
</body>
</html>
```

由于控制器 IndexController 返回的逻辑视图名称为 index，因此通过视图解析器，会将视图逻辑名解析为/WEB-INF/jsp/index.jsp，得到真正的 JSP 视图名。

(6)部署运行。

微课：将项目部署到 Tomcat 下

到目前为止，所有的环境搭建及示例编码工作均已完成，下面可以部署到 Tomcat 下运行测试。在 IDEA 下部署："run" 菜单下的“Debug Configurations”表单，选择增加 Tomcat Server 选项，Name 选项命名为“whq”，Deployment 选项选择当前项目 war exploded，单击“Apply”按钮确认即可将该项目部署到 Tomcat 下运行，如图 6-3 所示。单击绿色三角形图标即可运行该项目。

图 6-3

在浏览器地址栏中输入请求 http://localhost:8080/index，运行效果如图 6-4 所示。

图 6-4

查看后台日志，控制台输出：hello,Spring MVC!

通过上述示例，简单总结一下 Spring MVC 的处理流程：当用户发送 URL 请求 http://localhost:8080/index 时，根据 web.xml 中对于 DispatcherServlet 的配置，该请求被 DisptcherServlet 截获，并根据 HandlerMapping 找到处理相应请求的 Controller(IndexController)；Controller 处理完成后，返回 ModelAndView 对象；该对象告诉 DisptcherServlet 需要通过哪个视图来进行数据模型的展示，视图解析器 ViewResolver 把 Controller 返回的逻辑视图名转换成真正的视图，再由 DisptcherServlet 呈现给用户。

（7）更改处理器映射（HandlerMapping）。

处理多个 URL 请求的业务的最常用的解决方式是使用 Spring MVC 提供的一键式配置方法：<mvc:annotation-driven/>，即通过注解方式进行 Spring MVC 的开发。

首先，更改 Spring MVC 的处理器映射的配置文件为支持注解方式处理器的配置文件。配置<mvc:annotation-driven/>标签，它是 Spring MVC 提供的一键式配置方法，配置此标签后 Spring MVC 会帮我们自动做一些注册组件之类的工作。这种配置方法非常简单，适用于初学者快速搭建 Spring MVC 环境。简单理解就是配置此标签后，我们可以通过注解方式，把一个 URL 映射到 Controller 上。修改 springmvc-servlet.xml 的关键代码如【例 6-6】所示。

【例 6-6】

```
<?xml version="1.0" encoding="UTF-8"?>
<beans xmlns="http://www.springframework.org/schema/beans"
      xmlns:xsi="http://www.w3.org/2001/XMLSchema-instance"
      xmlns:context="http://www.springframework.org/schema/context"
      xmlns:mvc="http://www.springframework.org/schema/mvc"
      xsi:schemaLocation="http://www.springframework.org/schema/beans
      http://www.springframework.org/schema/beans/spring-beans.xsd
      http://www.springframework.org/schema/context
      http://www.springframework.org/schema/context/spring-context.xsd
      http://www.springframework.org/schema/mvc
      http://www.springframework.org/schema/mvc/spring-mvc.xsd">
   <!--指明 controller 所在包，并扫描其中的注解-->
   <context:component-scan base-package="com.ssm.controller"/>    <mvc:annotation-driven/> <!-- 开启
注解 -->
   <!--ViewResolver 视图解析器-->
   <!--用于支持 Servlet、JSP 视图解析-->
   <bean id="jspViewResolver" class="org.springframework.web.servlet.view.
InternalResourceViewResolver">
     <property name="viewClass" value="org.springframework.web.servlet.view.JstlView"/>
     <property name="prefix" value="/WEB-INF/jsp/"/>
     <property name="suffix" value=".jsp"/>
   </bean>
</beans>
```

在上述配置中，删除了<bean name="/index" class="com.ssm.controller.IndexController"/>，增加了两个标签。

① <mvc:annotation-driven/>：配置该标签会自动注册 DefaultAnnotationHandlerMapping（处理器映射）与 AnnotationMethodHandlerAdapter（处理适配器）这两个 Bean 实例。Spring MVC 需要通过这两个 Bean 实例来完成对@Controller 和@RequestMapping 等注解的支持，从而找出 URL 与 handler method 的关系并予以关联。换言之，完成在 Spring 容器中这两个 Bean 实例的注册是 Spring MVC 为@Controller 注解分发请求的必要支持。

② <context:component-scan base-package="com.ssm.controller"/>：该标签是对包进行扫描，实现注解驱动 Bean 的定义，同时将 Bean 自动注入 Spring 容器中使用，即使标注了 Spring MVC 注解（如@Controller 注解等）的 Bean 生效。换句话说，如果没有此标签，标注@Controller 注解的 Bean 就仅仅是一个普通的 JavaBean，而不是一个可以处理请求的控制器。

然后更改 IndexController，关键代码如【例 6-7】所示。

【例 6-7】

```
package com.ssm.controller;
import org.springframework.stereotype.Controller;
```

```
import org.springframework.web.bind.annotation.RequestMapping;
import org.springframework.web.servlet.ModelAndView;
import org.springframework.web.servlet.mvc.AbstractController;
import org.apache.log4j.Logger;
@Controller
public class IndexController  {
    private Logger logger=Logger.getLogger(IndexController.class);
    @RequestMapping("/index")
    public String index(){
        logger.info("hello,Spring MVC");
        return ("index");
    }
}
```

在上述代码中，使用@Controller 注解对 IndexController 类进行标注，使其成为一个可处理 HTTP 请求的控制器，再使用@RequestMapping 注解对 IndexController 的 index 方法进行标注，确定 index 对应的请求 URL。限定只有使用 index 方法才可以处理所有来自 URL 为“/index”的请求（相对于 Web 容器部署的根目录）。也就是说，若还有其他的业务需求（URL 请求），只需在该类下增加方法即可，当然方法要进行@RequestMapping 注解的标注，确定方法对应的请求 URL。这样就解决了之前提出的问题，无需再多建 JavaBean 作为 Controller 去满足业务需求。

部署运行，地址栏中输入 http://localhost:8080/index，测试结果同上，此处不再赘述。

（三）请求处理流程及体系结构

1. Spring MVC 框架的请求处理流程

通过上面的演示，我们了解了 Spring MVC 环境的搭建，接下来深入了解 Spring MVC 框架的请求处理流程，如图 6-5 所示。

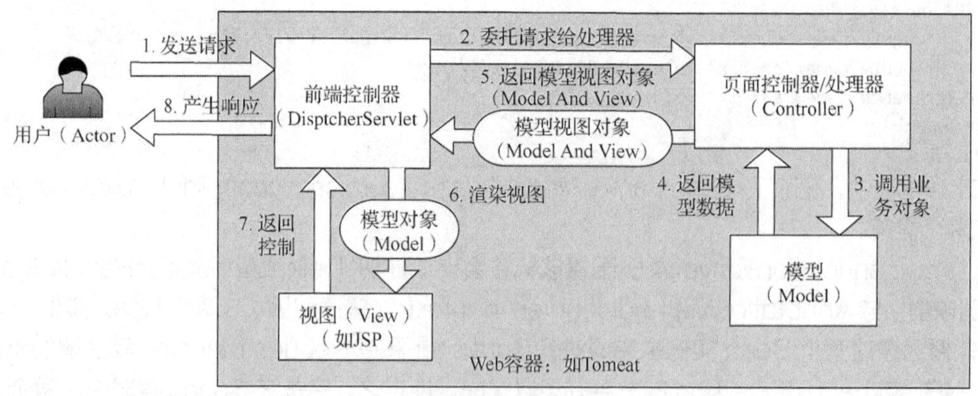

图 6-5

分析图 6-5 的请求处理流程可知，Spring MVC 框架是一个基于请求驱动的 Web 框架，并且使用了前端控制器（DisptcherServlet）模式来进行设计，根据请求映射规则将请求分发给相应的页面控制器处理器（Controller）来处理。下面我们就详细地梳理 Spring MVC 请求处理的流程步骤。

（1）用户（Actor）发送请求到前端控制器（DisptcherServlet），前端控制器根据请求信息（如 URL）来决定选择哪一个页面控制器（Controller）进行处理，并把请求委托给它，即 Servlet 控制器的控制逻辑部分（见图 6-5 中的步骤 1 和步骤 2）。

（2）页面控制器（Controller）接收到请求后，进行业务处理，首先需要收集和绑定请求参数到一个对象，这个对象在 Spring Web MVC 中叫命令对象，并进行验证，然后将命令对象委托给业务对象进行处理；处理完毕后返回一个模型视图对象（ModelAndView）（模型数据和逻辑视图名）（见图 6-5 中的步骤 3、步骤 4 和步骤 5）。

（3）前端控制器（DisptcherServlet）收回控制权，然后根据返回的逻辑视图名，选择相应的视图（View）进行渲染，并把模型数据输入以便视图渲染（见图 6-5 中的步骤 6 和步骤 7）。

（4）前端控制器（DisptcherServlet）再次收回控制权，将响应结果返回给用户（Actor），至此整个请求处理流程结束（见图 6-5 中的步骤 8）。

2. Spring MVC 框架的体系结构

基于上述的请求处理流程，再深入了解 Spring MVC 框架的整体架构，如图 6-6 所示。

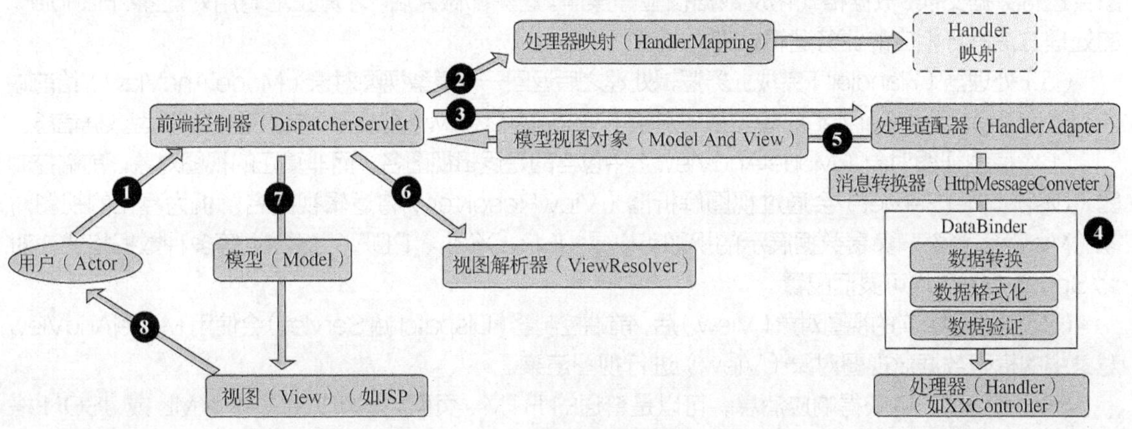

图 6-6

在 Spring MVC 的框架模型中，我们看到框架从接收请求到返回，经过 Spring MVC 框架众多组件的通力配合，各司其职地完成整个流程工作。在整个框架中，Spring MVC 通过一个前端控制器（DispatcherServlet）接收所有请求，并将具体工作委托给其他组件进行处理。前端控制器（DispatcherServlet）处于核心地位，负责协调组织不同组件完成请求处理并返回响应。根据 Spring MVC 处理请求的流程，我们来分析一下具体每个组件所负责工作的情况。

（1）客户端发出 HTTP 请求，Web 应用服务器接收此请求。要是能匹配前端控制器（DispatcherServlet）的请求映射路径（在 web.xml 中指定），那么 Web 容器将请求转交给前端控制器（DispatcherServlet）处理。

（2）前端控制器（DispatcherServlet）接收到请求后，将根据请求的信息（包括 URL、请求参数、HTTP 方法等）及处理器映射（HandlerMapping）的配置（在<servletName>-servlet.xml 中配置）找到处理请求的处理器（Handler）。

（3）当前端控制器（DispatcherServlet）根据处理器映射（HandlerMapping）找到对应当前请求的处理器（Handler）之后，通过处理适配器（HandlerAdapter）对处理器（Handler）进行封装，再以统一的适配器接口调用处理器（Handler）。处理适配器（HandlerAdapter）可以理解为具体使用处理器（Handler）来干活的人，处理适配器（HandlerAdapter）接口一共有 3 个方法，如图 6-7 所示。

① supports（Object handler）方法：判断是否可以使用某个处理器（Handler）。

② handle 方法：具体使用处理器（Handler）处理请求。

③ getLastModified 方法：获取资源的 Last-Modified。

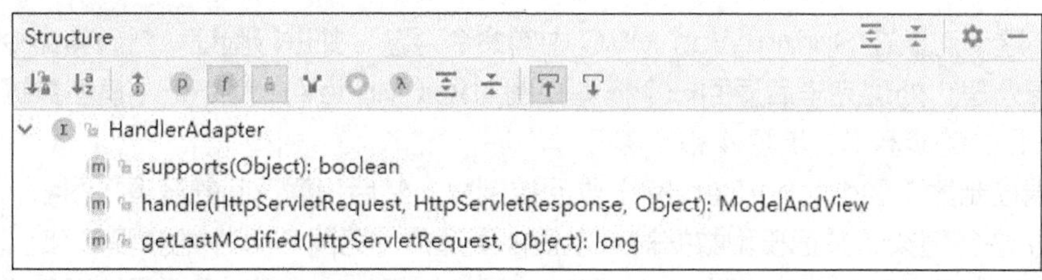

图 6-7

（4）在请求信息到达真正调用处理器（Handler）的处理方法之前的这段时间内，Spring MVC 还完成了许多工作。它会将请求信息以一定的方式转换并绑定到请求方法的入参中，对于入参的对象会进行数据交换、数据格式化及数据校验等操作。这些都做完后，才真正地调用处理器（Handler）的处理方法进行相应的业务逻辑处理。

（5）处理器（Handler）完成业务逻辑处理之后返回一个模型视图对象（ModelAndView）给前端控制器（DispatcherServlet），模型视图对象（ModelAndView）包含了逻辑视图名和模型数据信息。

（6）模型视图对象（ModelAndView）中包含的是逻辑视图名，而非真正的视图对象。前端控制器（DispatcherServlet）会通过视图解析器（ViewResolver）将逻辑视图名解析为真正的视图对象（View）。当然，负责数据展示的视图可以是 JSP、XML、PDF、JSON 等多种数据格式，对此 Spring MVC 均可灵活配置。

（7）当得到真实的视图对象（View）后，前端控制器（DispatcherServlet）会使用 ModelAndView 对象中的模型数据对视图对象（View）进行视图渲染。

（8）最终客户端获得响应消息，可以是普通的 HTML 页面，也可以是一个 XML 或 JSON 格式的数据等。

通过上述关于 Spring MVC 框架的请求处理流程及框架模型的分析，我们不仅简单了解了 Spring MVC 的整体架构，还初步体会到了其设计精妙之处。在后续的章节中，将围绕它的整个体系结构进行深入讲解，包括各个组件的分析、实际开发的经验总结等。

3. Spring MVC 框架的特点

通过前面的示例及对 Spring MVC 体系结构的介绍，我们总结一下 Spring MVC 框架的特点，在后续的学习过程中，再慢慢深入体会。

（1）有着清晰的角色划分。前端控制器（DispatcherServlet）、处理映射器（HandlerMapping）、视图解析器（ViewResoloer）、处理适配器（HandlerAdapter）、处理器（Handler）（也称后端控制器）、模型对象（Model）、视图（View）、模型视图对象（ModelAndView）等，每一个角色都可以由一个专门的对象来实现。

（2）强大而直接的配置方式。因为 Spring 的核心是 IoC，同样在实现 MVC 上，也可以把各种类当成 Bean 来通过 XML 进行配置。

（3）提供了大量的控制器接口和实现类。开发者可以使用 Spring 提供的控制器实现类，也可以自己实现控制器接口。

（4）真正做到与 View 层的实现无关（JSP、Velocity、XSLT 等）。它不会强制开发者使用 JSP，完全可以根据项目需求使用 Velocity、XSLT 等技术，使用起来更加灵活。

（5）提供国际化支持。

（6）面向接口编程。

（7）Spring 提供了 Web 应用开发的一整套流程，不仅仅是 MVC，它们之间可以很方便地结合在一起。

总之，Spring MVC 框架作为一个优秀的框架，可以减轻开发者处理复杂问题的负担，内部有良好的扩展，并且有一个支持它的用户群体。

任务二　理解 Spring MVC 传参方式

任务要求

本任务要求深入学习参数的传递，包括 View 层如何把参数值传递给 Controller，以及 Controller 如何把值传递给前台 View 展现。

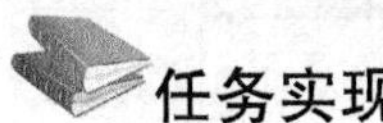

任务实现

（一）视图向控制器传参

如何把参数值从 View 传递给 Controller，这涉及请求的 URL，以及请求中携带参数的问题。最简单、直接的做法是将 Controller 方法中的参数直接入参。

改造 IndexController.java 的关键代码，如【例 6-8】所示。

【例 6-8】

```
package com.ssm.controller;
import org.springframework.stereotype.Controller;
import org.springframework.web.bind.annotation.RequestMapping;
import org.springframework.web.bind.annotation.RequestParam;
import org.springframework.web.servlet.ModelAndView;
import org.springframework.web.servlet.mvc.AbstractController;
import org.apache.log4j.Logger;
@Controller
public class IndexController  {
    private Logger logger=Logger.getLogger(IndexController.class);
    /*
    *参数传递：View to Controller
     */
    @RequestMapping("/welcome")
    public String welcome(@RequestParam String  username){
        logger.info("welcome,"+username);
        return ("index");
    }
}
```

部署运行后测试，在地址栏中输入 http://localhost:8080/welcome?username=admin。观察控制台日志输出，查看 Controller 是否接收到前台传来的 username 的参数值。控制台正确输出日志信息“welcome,admin”，如图 6-8 所示。

```
Output
↑   [INFO]-[Thread: http-nio-8080-exec-4]-[com.ssm.controller.IndexController.welcome()]: welcome,admin
```

图 6-8

但是对于上述传参方式，如果输入 URL 地址时输入 http://localhost:8080/welcome，即不输入参数，此时页面就会报 400 错误，如图 6-9 所示。

微课：日志输出配置

通过图 6-9 所示的报错信息，可以看出是由于 URL 请求中参数“username”不存在而导致的报错。但是在实际开发中，由于业务需求，对于参数的要求并不是必需的，那么如何解决这个问题？这就需要详细了解如何使用@RequestMapping 注解来映射请求及如何使用@RequestParam 注解来绑定请求参数值。

HTTP Status 400 - Required String parameter 'username' is not present

type Status report

message Required String parameter 'username' is not present

description The request sent by the client was syntactically incorrect.

Apache Tomcat/9.0.0.M11

图 6-9

1. @RequestMapping 注解

通过前面的学习，我们知道在一个普通 JavaBean 的定义处标注@Controller 注解，再通过<context:component-scan/>扫描相应的包，即可使一个普通的 JavaBean 成为一个可以处理 HTTP 请求的控制器。根据业务需求，可以创建多个控制器（如 UserController、ProviderController 等）。每个控制器内可以有多个请求的方法，如 UserController 里会有增加用户、删除用户、更改用户、获取用户列表等方法，每个方法负责不同的请求操作，而 RequestMapping 则负责将不同请求映射到对应的控制器方法上。

使用@RequestMapping 注解来完成映射，具体包括 4 个方面的信息项：请求 URL、请求参数、请求方法和请求头。

（1）通过请求 URL 进行映射。

这种映射方式形如【例 6-8】。

```
@RequestMapping("/welcome")
```

还可以写成如下代码。

```
@RequestMapping(value="/welcome")
```

这两种形式的效果是一样的。另外，@RequestMapping 注解还可以定义在类定义处，关键代码如【例 6-9】所示。

【例 6-9】

```
package com.ssm.controller;
import org.apache.log4j.Logger;
import org.springframework.stereotype.Controller;
import org.springframework.web.bind.annotation.RequestMapping;
import org.springframework.web.bind.annotation.RequestParam;
@Controller
@RequestMapping(value="/user")
public class UserController {
```

```
    private Logger logger=Logger.getLogger(UserController.class);
    @RequestMapping(value="/welcome")
    public String welcome(@RequestParam String  username){
       logger.info("welcome,"+username);
       return ("index");
    }
}
```

部署运行时，在地址栏中需输入的 URL：http://localhost:8080/user/welcome?username=admin，而/user/welcome 路径表明，在 welcome 方法上指定的 URL 是相对于类定义指定的 URL，而不是相对于 Web 应用的部署路径。需要注意的是，在整个 Web 项目中，@RequestMapping 注解映射的请求信息必须保证全局唯一，类似于 PC 机资源的文件夹的创建规则。

（2）通过请求参数、请求方法进行映射。

@RequestMapping 注解除了可以使用请求 URL 映射请求之外，还可以使用请求参数、请求方法来映射请求，通过多条件可以让请求映射更加精准。改造 IndexController.java 的关键代码如【例 6-10】所示。

【例 6-10】

```
package com.ssm.controller;
import org.springframework.stereotype.Controller;
import org.springframework.web.bind.annotation.RequestMapping;
import org.springframework.web.bind.annotation.RequestMethod;
import org.springframework.web.bind.annotation.RequestParam;
import org.springframework.web.servlet.ModelAndView;
import org.springframework.web.servlet.mvc.AbstractController;
import org.apache.log4j.Logger;
@Controller
public class IndexController  {
   private Logger logger=Logger.getLogger(IndexController.class);
   @RequestMapping(value="/welcome",method = RequestMethod.GET,params = "username")
   public String welcome(@RequestParam String  username){
      logger.info("welcome,"+username);
      return ("index");
   }
}
```

上述代码中，@RequestMapping 注解的 value 表示请求的 URL，method 表示请求方法，params 表示请求参数，此处的参数名为 username。在地址栏中输入 http://localhost:8080/welcome?username=admin，成功进入 IndexController 的 welcome 处理方法中。首先 value（请求的 URL“/welcome”）匹配，其次 method 方法匹配均为 GET 请求，最后参数（?username=admin）匹配，均可匹配成功，故可以正确进入该处理方法中。

需要注意的是，输入 URL 时的请求参数名必须要与@RequestMapping 注解中的 params 参数名一致，否则会抛出异常。

2. @RequestParam 注解

为了解决请求 URL 中不输入参数抛出异常的问题，Spring MVC 提供了@RequestParam 注解指定其对应的请求参数。@RequestParam 注解有以下 3 个参数。

（1）value：参数名。

（2）required：是否必须，默认为 true，表示请求中必须包含对应的参数名，若不存在将抛出异常。

（3）defaultValue：默认参数名，不推荐使用。

现在就利用第二个参数 required 来解决参数非必需问题，代码如【例 6-11】所示。

【例 6-11】

```
package com.ssm.controller;
import org.springframework.stereotype.Controller;
import org.springframework.web.bind.annotation.RequestMapping;
import org.springframework.web.bind.annotation.RequestMethod;
import org.springframework.web.bind.annotation.RequestParam;
import org.springframework.web.servlet.ModelAndView;
import org.springframework.web.servlet.mvc.AbstractController;
import org.apache.log4j.Logger;
@Controller
public class IndexController  {
    private Logger logger=Logger.getLogger(IndexController.class);
    @RequestMapping(value="/welcome")
    public String welcome(@RequestParam(value = "username",required = false)
                                  String username){
        logger.info("welcome,"+username);
        return ("index");
    }
}
```

部署运行测试，在地址栏中输入 URL：http://localhost:8080/welcome，因为 Controller 中 @RequestParam 注解的 required = false，指明参数名不是必需的，所以该请求信息虽然不带参数，但是页面与控制台均未报错，控制台日志输出“welcome，null”，运行正确。

（二）控制器向视图传参

了解了从 View 到 Controller 的参数传递，下面学习 View 层如何从 Controller 中获取参数内容，这就需要进行模型数据的处理了。对于 MVC 框架来说，模型数据非常重要，因为控制层（Controller）是为了产生模型数据（Model），而视图（View）最终也是为了渲染模型数据进行输出。那么，如何将模型数据传递给视图，这是 Spring MVC 的一项重要工作。Spring MVC 提供了多种方式输出模型数据，下面分别介绍。

1. ModelAndView

控制器处理方法的返回值如果是 ModelAndView，就既包含视图信息，又包含模型数据信息。有了该对象之后，Spring MVC 就可以使用视图对模型数据进行渲染了。

前端请求的参数 username 往后台（Controller）传递，在控制台输出该参数，并在 index 页面输出 username 参数值，关键代码如【例 6-12】所示。

【例 6-12】

```
package com.ssm.controller;
import org.springframework.stereotype.Controller;
import org.springframework.web.bind.annotation.RequestMapping;
import org.springframework.web.bind.annotation.RequestMethod;
import org.springframework.web.bind.annotation.RequestParam;
import org.springframework.web.servlet.ModelAndView;
import org.springframework.web.servlet.mvc.AbstractController;
import org.apache.log4j.Logger;
@Controller
public class IndexController  {
    private Logger logger=Logger.getLogger(IndexController.class);
```

```
    /*
    *参数传递：Controller to View-（ModelAndView）
    * @Param username
    * @return
    */
    @RequestMapping(value="/index")
    public ModelAndView index(String username){
        logger.info("welcome,username!"+username);
        ModelAndView modelAndView=new ModelAndView();
        modelAndView.addObject("username",username);
        modelAndView.setViewName("index");
        return modelAndView;
    }
}
```

通过以上代码，可以看出在 index 处理方法中，返回了 ModelAndView 对象，并通过 addObject 方法添加模型数据，通过 setViewName 方法设置逻辑视图名。ModelAndView 对象的常用方法如下。

（1）添加模型数据。

① ModelAndView addObject(String attributeName, Object attributeValue)：第一个参数为 key 值，第二个参数为 key 值对应的 value。key 值可以随意指定，但需保证在该 Model 的作用域内唯一。那么在此例中，我们指定 key 为“username”的字符串，相对应的 value 为参数 username 的值。

② ModelAndView addAllObjects(Map<String, ?> modelMap) ：模型数据也是一个 Map 对象，我们可以添加 Map 对象到 Model 中。

（2）设置视图。

① void setView(View view)：指定一个具体的视图对象。

② void setViewName(String viewName)：指定一个逻辑视图名。

修改 index.jsp，在页面上显示参数 username 的值，关键代码如【例 6-13】所示。

【例 6-13】

```
<body>
<h1>hello,Spring MVC!</h1>
<h1>username(key:username)-->${username}</h1>
</body>
```

上述代码中，通过 EL 表达式展现从 Controller 返回的 ModelAndView 对象中接收参数 username 的值。部署运行测试，在地址栏中输入 URL：http://localhost:8080/index?username=admin，运行结果如图 6-10 所示。

图 6-10

从运行结果可以看出运行正确，页面正确显示 username 的参数值，控制台日志正确输出“welcome,username!admin”。

2. Model

除了可以使用 ModelAndView 对象来返回模型数据外，还可以使用 Spring MVC 提供的 Model 对象来完成模型数据的传递。其实，Spring MVC 在调用方法前会创建一个隐含的模型对象，作为模型数据的存储容器。若处理方法的入参为 Model 类型，Spring MVC 会将隐含模型的数据引用传递给这些入参。换言之，就是在方法体内，开发者可以通过一个 Model 类型的入参对象访问到模型中的所有数据，当然也可以向模型中添加新的属性数据。修改【例 6-13】，实现使用 Model 对象完成参数的传递，关键代码如【例 6-14】所示。

【例 6-14】

```
package com.ssm.controller;
import org.springframework.stereotype.Controller;
import org.springframework.ui.Model;
import org.springframework.web.bind.annotation.RequestMapping;
import org.apache.log4j.Logger;
@Controller
public class IndexController  {
   private Logger logger=Logger.getLogger(IndexController.class);
   /*
   *参数传递：Controller to View-(Model)
   * @Param username
   * @Param model
   * @return
    */
   @RequestMapping(value="/index")
   public String index(String username, Model model){
      logger.info("hello,Spring MVC!username!"+username);
      model.addAttribute("username",username);
      return "index";
   }
}
```

上述代码中，处理方法直接使用 Model 对象入参，把需要传递的模型数据 username 放入 Model 即可，返回字符串类型的逻辑视图名。在 index.jsp 页面中直接使用 EL 表达式${username}，即可获得参数值。

另外，Model 对象也是一个 Map 类型的数据结构，并且对于 key 值的指定不是必需的。下面简单修改代码，如【例 6-15】所示。

【例 6-15】

```
package com.ssm.controller;
import org.springframework.stereotype.Controller;
import org.springframework.ui.Model;
import org.springframework.web.bind.annotation.RequestMapping;
import org.apache.log4j.Logger;
@Controller
public class IndexController  {
   private Logger logger=Logger.getLogger(IndexController.class);
   /*
   *参数传递：Controller to View-(Model)
   * @Param username
   * @Param model
```

```
    * @return
     */
    @RequestMapping(value="/index")
    public String index(String username, Model model){
        logger.info("hello,Spring MVC!username!"+username);
        model.addAttribute(username);
        model.addAttribute("username",username);
        return "index";
    }
}
```

上述代码中增加了 model.addAttribute(username)，并没有指定 Model 中的 key 值，直接给 Model 输入 value(username)。这种情况下，会默认使用对象的类型作为 key，如果 username 是 String 类型，key 就为字符串“string”。在 index.jsp 页面中添加如下代码。

```
<h1>username(key:username)-->${username}</h1>
<h1>username(key:string)-->${string}</h1>
```

上述代码中，EL 表达式为${string}，输出 key 为“string”的 value 值，运行结果正确，如图 6-11 所示。

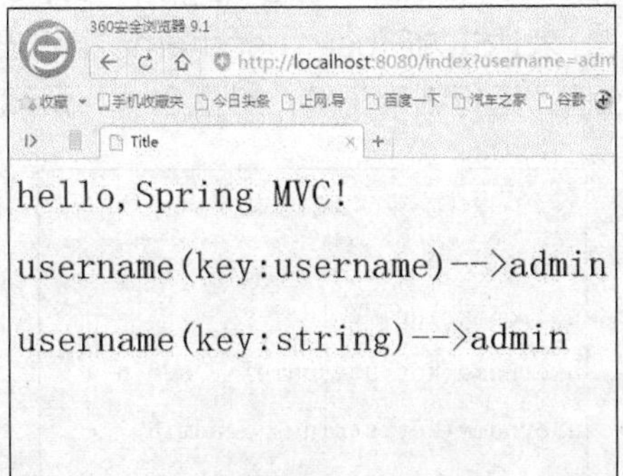

图 6-11

上例中 Model 中放入的是普通类型的对象（如字符串类型等），现在修改代码，在 Model 中放入 JavaBean，首先创建 POJO，即 User.java（来自课程配套资源：学生信息管理系统的 User 类）。IndexController 的关键代码如【例 6-16】所示。

【例 6-16】

```
package com.ssm.controller;
import com.ssm.controller.model.User;
import org.springframework.stereotype.Controller;
import org.springframework.ui.Model;
import org.springframework.web.bind.annotation.RequestMapping;
import org.apache.log4j.Logger;
@Controller
public class IndexController  {
    private Logger logger=Logger.getLogger(IndexController.class);
    /*
    *参数传递：Controller to View-(Model)
    * @Param username
    * @Param model
    * @return
     */
    @RequestMapping(value="/index")
```

```
    public String index(String username, Model model){
        logger.info("hello,Spring MVC!username!"+username);
        model.addAttribute(username);
        model.addAttribute("username",username);
        User user=new User();
        user.setUsername(username);
        model.addAttribute("currentUser",user);
        model.addAttribute(user);
        return "index";
    }
}
```

上述代码中，实例化 user 对象，并给 user 对象的 userName 属性赋值，然后把 user 对象放到 Model 中去，key 值为"currentUser"，最后还有一行代码为 model.addAttribute(user)。根据之前的讲解，会默认使用对象的类型 key，即 key 为字符串“user”。现在修改 index.jsp，进行相关内容的输出，增加的关键代码如下。

```
<h1>username(key:currentUser)-->${currentUser.username}</h1>
<h1>username(key:user)-->${user.username}</h1>
```

EL 表达式为${currentUser.username}，输出 key 为“currentUser”的 value（即 user 对象）的 username 属性值；EL 表达式为${user.username}，输出 key 为“user”的 value（即 user 对象）的 username 属性值。运行结果正确，如图 6-12 所示。

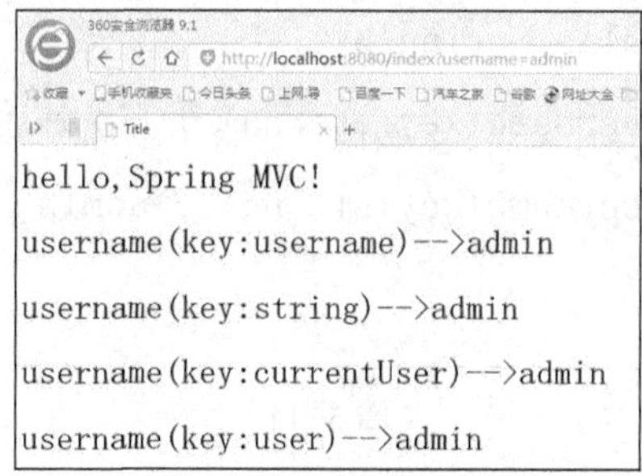

图 6-12

3. Map

通过前面对于 Model 和 ModelAndView 对象的学习，我们不难发现，Spring MVC 的 Model 其实就是一个 Map 的数据结构，所以我们使用 Map 作为方法入参也是可以的。示例代码如【例 6-17】所示。

【例 6-17】

```
package com.ssm.controller;
import com.ssm.controller.model.User;
import org.springframework.stereotype.Controller;
import org.springframework.ui.Model;
import org.springframework.web.bind.annotation.RequestMapping;
import org.apache.log4j.Logger;
import java.util.Map;
@Controller
public class IndexController {
    private Logger logger=Logger.getLogger(IndexController.class);
    /*
    *参数传递：Controller to View-(Map<String,Object>)
```

```
     * @Param username
     * @Param model
     * @return
     */
    @RequestMapping(value="/index")
    public String index(String username, Map<String,Object> model){
        logger.info("hello,Spring MVC!username!"+username);
        model.put("username",username);
        return "index";
    }
}
```

在上述代码中，处理方法中 Map 类型入参和 Model 类型的用法一样，往 Map 中放入 key 值为“username”，页面输出${username}。运行结果正常，如图 6-13 所示。

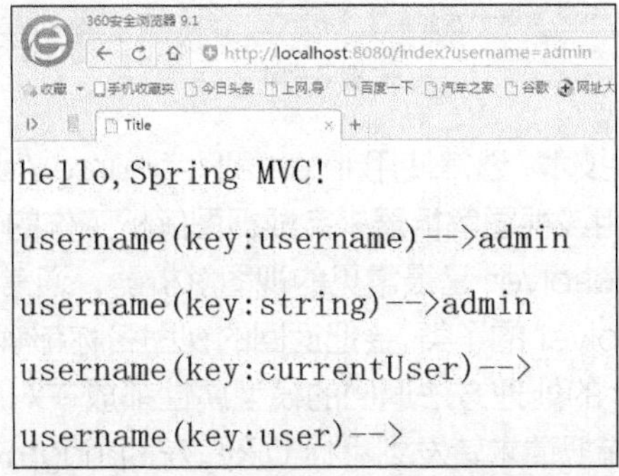

图 6-13

任务三 配置视图解析器

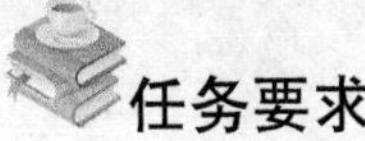

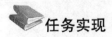

任务要求

本任务要求了解配置视图解析器（ViewResoler）的运行原理。

任务实现

关键步骤如下：配置 InternalResourceViewResolver 进行视图解析。

请求处理方法执行完成后，最终返回一个 ModelAndView 对象。对于那些返回字符串等类型的处理方法，Spring MVC 也会在内部将它们装配成一个 ModelAndView 对象，它包含了逻辑视图名和数据模型，那么此时 Spring MVC 就需要借助视图解析器（ViewResolver）了。ViewResolver 是 Spring MVC 处理视图的重要接口，通过它可以将控制器返回的逻辑视图名解析为一个真正的视图对象。当然，真正的视图对象可以多种多样，如常见的 JSP 视图、使用 FreeMarker、Velocity 等模板技术的视图，还可以是 JSON、XML、PDF 等各种数据格式的视图。本书中采用 JSP 视图进行讲解。

Spring MVC 默认提供了多种视图解析器，所有的视图解析器都实现了 ViewResolver 接口，如图 6-14 所示。

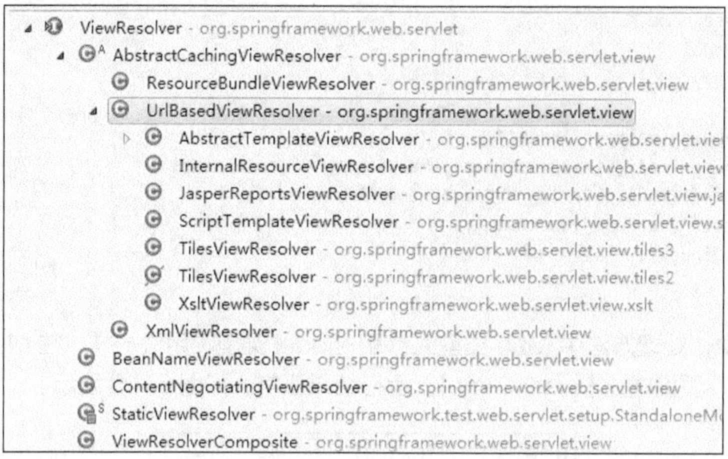

```
ViewResolver - org.springframework.web.servlet
  AbstractCachingViewResolver - org.springframework.web.servlet.view
    ResourceBundleViewResolver - org.springframework.web.servlet.view
    UrlBasedViewResolver - org.springframework.web.servlet.view
      AbstractTemplateViewResolver - org.springframework.web.servlet.vie
      InternalResourceViewResolver - org.springframework.web.servlet.view
      JasperReportsViewResolver - org.springframework.web.servlet.view.ja
      ScriptTemplateViewResolver - org.springframework.web.servlet.view.s
      TilesViewResolver - org.springframework.web.servlet.view.tiles3
      TilesViewResolver - org.springframework.web.servlet.view.tiles2
      XsltViewResolver - org.springframework.web.servlet.view.xslt
    XmlViewResolver - org.springframework.web.servlet.view
  BeanNameViewResolver - org.springframework.web.servlet.view
  ContentNegotiatingViewResolver - org.springframework.web.servlet.view
  StaticViewResolver - org.springframework.test.web.servlet.setup.StandaloneM
  ViewResolverComposite - org.springframework.web.servlet.view
```

图 6-14

对于 JSP 这种常见的视图技术，通常使用 InternalResourceViewResolver 作为视图解析器。在以上的示例中，我们也是使用该视图解析器来完成视图解析工作的。

InternalResourceViewResolver 是最常见的视图解析器，通常用于查找 JSP 和 JSTL 等视图。它是 URLBasedViewResolver 的子类，会把返回的视图名称都解析为 InternalResourceView 对象，该对象会把 Controller 的处理方法返回的模型属性都放在对应的请求作用域中，然后通过 RequestDisptcher 在服务器端把请求转发到目标 URL。在 springmvc-servlet.xml 中的配置代码如【例 6-18】所示。

【例 6-18】

```
<bean id="jspViewResolver" class="org.springframework.web.servlet.view.
InternalResourceViewResolver">
    <property name="viewClass" value="org.springframework.web.servlet.view.JstlView"/>
    <property name="prefix" value="/WEB-INF/jsp/"/>
    <property name="suffix" value=".jsp"/>
</bean>
```

如果控制器的处理方法返回字符串为“index”，那么通过 InternalResourceViewResolver 视图解析器，会给返回的逻辑视图名加上定义好的前缀和后缀，即“/WEB-INF/jsp/index.jsp”的形式。

任务四 项目小结

任务要求

本任务要求回顾本章的重要知识点。

任务实现

Spring MVC 框架是典型的 MVC 框架，是一个结构最清晰的 Spring Model2 实现。它基于 Servlet，DispatcherServlet 是整个框架的核心。Spring MVC 的处理器映射（HandlerMapping）可配置为支持注解式处理器，只需配置<mvc:annotation-driven/>标签即可。Spring MVC 的控

制器的处理方法返回的 ModelAndView 对象内包括数据模型和视图信息。Spring MVC 通过视图解析器来完成视图解析工作，把控制器的处理方法返回的视图名解析成一个真正的视图对象。

任务五 拓展练习

任务要求

本任务通过练习，简单了解 Spring MVC 框架的实现。

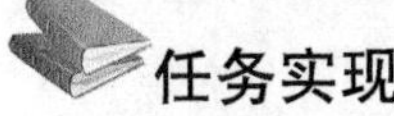

任务实现

【实训 6-1】 搭建 Spring MVC 环境，在前端页面输出“学框架就学 Spring MVC！”。

（1）创建 Spring MVC 的配置文件 springmvc-servlet.xml，处理器映射（HandlerMapping）使用 BeanNameUrlHandlerMapping，视图解析器（ViewResolver）使用 InternalResourceViewResolver。

```
<?xml version="1.0" encoding="UTF-8"?>
<beans xmlns="http://www.springframework.org/schema/beans"
      xmlns:xsi="http://www.w3.org/2001/XMLSchema-instance"
      xmlns:context="http://www.springframework.org/schema/context"
      xmlns:mvc="http://www.springframework.org/schema/mvc"
      xsi:schemaLocation="http://www.springframework.org/schema/beans
      http://www.springframework.org/schema/beans/spring-beans.xsd
      http://www.springframework.org/schema/context
      http://www.springframework.org/schema/context/spring-context.xsd
      http://www.springframework.org/schema/mvc
      http://www.springframework.org/schema/mvc/spring-mvc.xsd">
  <bean name="/index" class="com.ssm.controller.IndexController"/>
   <!--ViewResolver 视图解析器-->
   <!--用于支持 Servlet、JSP 视图解析-->
   <bean id="jspViewResolver" class="org.springframework.web.servlet.view.InternalResourceViewResolver">
     <property name="viewClass" value="org.springframework.web.servlet.view.JstlView"/>
     <property name="prefix" value="/WEB-INF/jsp/"/>
     <property name="suffix" value=".jsp"/>
   </bean>
</beans>
```

（2）创建 Controller，控制类为 IndexController.class。

```
package com.ssm.controller;
import org.springframework.web.servlet.ModelAndView;
import org.springframework.web.servlet.mvc.AbstractController;
public class IndexController extends AbstractController {
   protected ModelAndView handleRequestInternal(javax.servlet.http.HttpServletRequest
httpServletRequest, javax.servlet.http.HttpServletResponse httpServletResponse) throws Exception {
        return new ModelAndView("index");
   }
}
```

（3）创建 View，视图名为 index.jsp。

```
<%@ page contentType="text/html;charset=UTF-8" language="java" %>
<html>
<head>
```

```
    <title>Title</title>
</head>
<body>
    <h1>学框架就学 SpringMVC!</h1>
</body>
</html>
```

（4）部署运行，在地址栏输入 http://localhost:8080/index，执行结果如图 6-15 所示。

图 6-15

【实训 6-2】 使用<mvc:annotation-driven/>标签，在前端页面输出“学框架就学 Spring MVC!”

（1）在实训 6-1 的基础上，更改 Spring MVC 的处理器映射的配置为支持注解式处理器，用来配置<mvc:annotation-driven/>标签。

```
<?xml version="1.0" encoding="UTF-8"?>
<beans xmlns="http://www.springframework.org/schema/beans"
       xmlns:xsi="http://www.w3.org/2001/XMLSchema-instance"
       xmlns:context="http://www.springframework.org/schema/context"
       xmlns:mvc="http://www.springframework.org/schema/mvc"
       xsi:schemaLocation="http://www.springframework.org/schema/beans
       http://www.springframework.org/schema/beans/spring-beans.xsd
       http://www.springframework.org/schema/context
       http://www.springframework.org/schema/context/spring-context.xsd
       http://www.springframework.org/schema/mvc
       http://www.springframework.org/schema/mvc/spring-mvc.xsd">
  <!--指明 controller 所在包，并扫描其中的注解-->
  <context:component-scan base-package="com.ssm.controller"/>   <mvc:annotation-driven/> <!-- 开启注解 -->
  <!--ViewResolver 视图解析器-->
  <!--用于支持 Servlet、JSP 视图解析-->
  <bean id="jspViewResolver" class="org.springframework.web.servlet.view.InternalResourceViewResolver">
    <property name="viewClass" value="org.springframework.web.servlet.view.JstlView"/>
    <property name="prefix" value="/WEB-INF/jsp/"/>
    <property name="suffix" value=".jsp"/>
  </bean>
</beans>
```

（2）加入 log4j 进行后台日志输出。

➢ 在 pom.xml 中添加 log4j 的 jar 包依赖:

```
<dependency>
```

```
        <groupId>log4j</groupId>
        <artifactId>log4j</artifactId>
        <version>1.2.14</version>
    </dependency>
```

➢ 在 resource 文件夹下创建配置文件 log4j.properties，其中配置项：

```
log4j.appender.stdout=org.apache.log4j.ConsoleAppender 指明日志在控制台输出。
log4j.rootLogger=DEBUG, stdout
log4j.appender.stdout=org.apache.log4j.ConsoleAppender
log4j.appender.stdout.layout=org.apache.log4j.PatternLayout
log4j.appender.stdout.layout.ConversionPattern=%n%-d{yyyy-MM-dd HH:mm:ss}%n[%p]-[Thread: %t]-[%C.
%M()]: %m%n
```

（3）部署运行，在地址栏输入 http://localhost:8080/index。执行结果如图 6.15 所示。

【实训 6-3】 完成 View 与 Controller 之间的参数传递，要求在控制台输出从前台获取的用户 Id（userId）的值。

（1）设计控制类 IndexController 的 index()和 test(String userId,Model model)方法，其中 index()方法返回 index.jsp 页面，test()方法将页面转向 success.jsp，并携带当前用户的 userId 数据。具体实现代码如下所示。

```
@Controller
public class IndexController  {
    private Logger logger=Logger.getLogger(IndexController.class);
    /*
    *参数传递：View to Controller(Model)
    * @Param model
    * @return
    */
    @RequestMapping(value="/index")
    public String index(){
        return "index";
    }
    @RequestMapping(value="/test")
    public String test(String userId,Model model){
        logger.info("hello,Spring MVC!username!"+userId);
        model.addAttribute("userId",userId);
        return "success";
    }
}
```

（2）在用户界面视图（WEB-INF/jsp/index.jsp）中添加 input 控件，用来输入用户编码（userId），index.jsp 页面的实现代码如下所示。

```
<%@ page contentType="text/html;charset=UTF-8" language="java" %>
<html>
<head>
    <title>Title</title>
</head>
<body>
<form method="post" action="/test">
    请输入userId：<input  type="text" name="userId"/><br>
    <input type="submit" value="提交" />
</form>
</body>
</html>
```

（3）部署运行，在地址栏输入 http://localhost:8080/index，执行结果，如图 6-16 所示。

图 6-16

（4）success.jsp 页面的实现代码如下所示。

```
<%@ page contentType="text/html;charset=UTF-8" language="java" %>
<%@ taglib prefix="c" uri="http://java.sun.com/jsp/jstl/core" %>
<html>
<head>
<title>Title</title>
</head>
    <body>
<h1>username(key:userId)-->${userId}</h1>
<br/>
</body>
</html>
```

（5）在图 6-16 所示的页面中输入用户 Id 后，单击“提交”按钮，跳转到图 6-17 所示的页面（WEB-INF/jsp/success.jsp），在该页面输出上一页面中输入并提交的用户 Id。

图 6-17

课后练习

1．填空题

（1）Spring MVC 是基于 Servlet 的框架，____________是整个 Spring MVC 框架的核心，负责截获请求并将其分派给相应的处理器处理。

（2）在配置 DispatcherServlet 的时候，通过设置____________参数来指定 Spring MVC 配置文件的位置。

2．选择题

（1）在一个普通的 JavaBean 的定义处标注（　　）注解，再通过<context:component-

scan/>扫描相应的包，即可使一个普通的 JavaBean 成为一个可以处理 HTTP 请求的控制器。

A. @Controller　　B. @Repository
C. @Transactional　　D. @RequestMapping

（2）使用 Spring MVC 控制器向视图传参时，下列模型中不能传递参数的是（　　）。

A. ModelAndView　　B. Model
C. Map　　D. POJO

（3）Spring MVC 配置文件的名称，必须和 web.xml 中配置 DisptcherServlet 时所指定的配置文件名一致，一般命名为（　　）-servlet.xml。

A. servlet-class　　B. filter-name
C. servlet-name　　D. param-name

（4）（　　）是 Spring MVC 处理视图的重要接口，通过它可以将控制器返回的逻辑视图名解析成一个真正的视图对象。

A. HandlerMapping　　B. DisptcherServlet
C. HandlerAdapter　　D. ViewResolver

3. 简答题

（1）简述 Spring MVC 的请求处理流程及整体框架结构。

（2）列举常用的视图解析器和 HandlerMapping。

4. 编程题

根据本项目所学内容，完成前台页面的设计（先不考虑关联后台实现，只做 View 层和 Controller 层）。要求实现功能：完成用户信息的添加操作，并在页面上显示新增的数据。

提示：搭建 Spring MVC 环境，编写对应的 POJO、Controller、用户添加页面（addUser.jsp）、添加成功并显示新增数据的页面（user.jsp）。

项目七

Spring MVC 的核心应用

本项目讲解 Spring MVC+Spring+MyBatis 框架的搭建，并在此框架下进行项目开发，实现用户登录、注销功能和增加用户功能等。初步掌握 Spring MVC 的核心应用，包括 SSM 的环境配置、View 层和 Controller 层组件的设计方法等。

课堂学习目标

- Spring MVC+Spring+MyBatis 框架的搭建
- 实现用户登录、注销功能
- 实现增加用户功能

任务一 Spring MVC+Spring+MyBatis 框架的搭建

任务要求

本任务要求掌握 Spring MVC + Spring + MyBatis（SSM）框架的搭建，通过配置 web.xml、spring-servlet.xml 和 mybatis-config.xml 等配置文件，完成 SSM 环境的搭建。

任务实现

前面已经掌握了 Spring MVC 的一些基础知识。从本任务开始，我们来改造学生信息管理系统的控制层（Controller）部分代码，结合配套资源中提供的素材源码及已经搭好的 Spring MVC 框架，完成项目框架的完善，最后将其改造为 JSP+ Spring +Spring MVC+ MyBatis 结构。

进行学生信息管理系统项目的框架改造，具体实现步骤如下。

（1）加入 Spring、Spring MVC、数据库驱动等相关 jar 包。

相关知识在之前学习的示例中已介绍，此处不再赘述，但需要加入有关 Mybatis、Mysql 和 JDBC 的 jar 包。关键代码如【例 7-1】所示。

【例 7-1】

```
<dependency>
  <groupId>org.springframework</groupId>
  <artifactId>spring-jdbc</artifactId>
  <version>${spring.version}</version>
```

```
    </dependency>
    <dependency>
      <groupId>org.mybatis</groupId>
      <artifactId>mybatis</artifactId>
      <version>3.3.1</version>
    </dependency>
    <dependency>
      <groupId>org.mybatis</groupId>
      <artifactId>mybatis-spring</artifactId>
      <version>1.2.4</version>
    </dependency>
    <dependency>
      <groupId>mysql</groupId>
      <artifactId>mysql-connector-java</artifactId>
      <version>5.1.38</version>
    </dependency>
```

微课：Mybatis 的 jar 导入

（2）Spring 配置文件。

在 resources 文件夹下增加 MyBatis 配置文件 mybatis-config.xml，关键代码如【例 7-2】所示。

【例 7-2】

```
<?xml version="1.0" encoding="UTF-8" ?>
<!DOCTYPE configuration
      PUBLIC "-//mybatis.org//DTD Config 3.0//EN"
      "http://mybatis.org/dtd/mybatis-3-config.dtd">
<configuration>
   <settings>
      <setting name="cacheEnabled" value="true"/>
      <setting name="lazyLoadingEnabled" value="true"/>
      <setting name="multipleResultSetsEnabled" value="true"/>
      <setting name="useColumnLabel" value="true"/>
      <setting name="useGeneratedKeys" value="true"/>
      <setting name="autoMappingBehavior" value="PARTIAL"/>
      <setting name="defaultExecutorType" value="SIMPLE"/>
      <setting name="defaultStatementTimeout" value="25"/>
      <setting name="safeRowBoundsEnabled" value="false"/>
      <setting name="mapUnderscoreToCamelCase" value="true"/>
      <setting name="localCacheScope" value="SESSION"/>
      <setting name="jdbcTypeForNull" value="OTHER"/>
      <setting name="lazyLoadTriggerMethods" value="equals,clone,hashCode,toString"/>
   </settings>
   <!-- development:开发模式     work:工作模式 -->
   <environments default="development">
      <environment id="development">
         <transactionManager type="JDBC" />
         <dataSource type="POOLED">
            <property name="driver" value="com.mysql.jdbc.Driver" />
            <property name="url" value="jdbc:mysql://localhost:3306/test?characterEncoding=
utf-8&amp;useSSL=false" />
            <property name="username" value="root" />
            <property name="password" value="123456" />
         </dataSource>
      </environment>
   </environments>
```

```
    <mappers>
        <mapper resource="mapper/UserMapper.xml" />
        <!--<mapper resource="Mapper/ClassesMapper.xml" />-->
        <!--<mapper resource="Mapper/StudentMapper.xml" />-->
    </mappers>
   <!--<mappers>-->
        <!--<mapper class="com.ssm.mapper.UserMapper"/>-->
    <!--</mappers>-->
</configuration>
```

在上述配置中，通过对数据源 dataSource 的配置，建立与 Mysql 数据库的连接，通过对<mapper resource="mapper/UserMapper.xml" />的配置，MyBatis 可以扫描 SQL 映射文件，以完成对数据库增、删、改、查的操作。

（3）配置 web.xml。

在 web.xml 中配置 ContextLoaderListener 监听器。

由于 Spring 需要启动容器才能为其他框架提供服务，而 Web 应用程序的入口是由 Web 服务器控制的，因此无法在 main()方法中通过创建 ClassPathXMLApplicationContext 对象来启动 Spring 容器。Spring 提供了 org.springframework.web.context.ContextLoaderListener 这个监听器类来解决这个问题。该监听器实现了 ServletContextListener 接口，可以在 Web 容器启动时初始化 Spring 容器。当然，前提是需要在 web.xml 中配置好这个监听器，配置代码如【例 7-3】所示。

【例 7-3】

```
<!--配置 Spring 的 ContextLoaderListener 监听器，初始化 Spring 容器-->
  <listener>    <listener-class>org.springframework.web.context.ContextLoaderListener
</listener-class>
  </listener>
<context-param>
   <param-name>contextConfigLocation</param-name>
   <param-value>classpath:springmvc-servlet.xml</param-value>
  </context-param>
```

通过以上配置，系统就可以在 Web 应用启动的同时初始化 Spring 容器了。

Spring MVC 的配置文件 spring-servlet.xml 及在 web.xml 中的相关配置，此处不再赘述。框架搭建完成后，下一步就可以进行业务功能的开发了。

任务二　实现用户的登录、注销功能

任务要求

本任务要求实现用户的登录、注销功能及掌握 Servlet API 作为参数的使用等。

任务实现

（一）登录功能的实现

用户登录和注销功能是系统最基本的功能，也代表着系统的入口和出口，其他的业务功能都是在此基础上实现的。登录功能的主要实现方法是用户在 JSP 界面输入用户名和密码后系统要执行的方法。方法的功能一般是将输入的用户名、密码与数据库 user 表中的用户名、密码去匹配，本例中我们命名一个 findUserByUsernameAndPassword(String username, String password)方法，匹配成功则进入主页面，并把用户信息放入 session 中，否则再跳转到登录页面，并提示错误信息。注销用户就是把 session 中的用户信息删除，进入登录页面需要重新登录。下面就从改造登录和注销功能入手，设计登录和注销的功能实现。具体实现步骤如下。

（1）创建 Mapper 层。

Mapper 层主要由 UserMapper 接口和 UserMapper.xml 组成，其中 UserMapper.xml 是 UserMapper 接口各个方法的 SQL 映射文件，是直接操作数据库的模块。其中用到的 user 表结构和 role 表结构，请参照“项目八　SSM 框架整合项目实战”中相关的内容。UserMapper 接口代码如【例 7-4】所示，UserMapper.xml 配置文件代码如【例 7-5】所示。

① UserMapper 接口代码。

【例 7-4】

```
public interface UserMapper {
User findUserByUsernameAndPassword(@Param("username") String username, @Param("password") String
password);
}
```

② UserMapper.xml 配置文件代码。

【例 7-5】

```
<select id="findUserByUsernameAndPassword"  resultMap="userResult">
    select u.uid,u.username,u.password,u.rid,r.rname from user u left join role r on u.rid=r.rid
    where u.username = #{username} and u.password=#{password}
</select>
```

（2）创建 Dao 层。

Dao 层主要由 IUserDao 接口和实现该接口的 UserDaoImpl 类组成，其中 UserDaoImpl 类调用了 UserMapper 接口的方法，并在该类中标注了@Repository 注解。@Repository 注解用于将数据访问层（DAO 层）的类标识为 Spring Bean，需要在 XML 配置文件中启用 Bean 的自动扫描功能，我们通过<context:component-scan base-package="com.ssm.dao"/>来实现。

① IUserDao 接口代码，如【例 7-6】所示。

【例 7-6】

```
public interface IUserDao {
public User findUserByUsernameAndPassword(String username, String password);
}
```

② UserDaoImpl 类代码，如【例 7-7】所示。

【例 7-7】

```
@Repository
@Transactional
public class UserDaoImpl implements IUserDao {
   private SqlSessionFactory sessionFactory;
   private SqlSession session;
   private UserMapper userMapper;
   SqlSessionTemplate sqlSessionTemplate;
   public UserDaoImpl() {
      String resource = "mybatis-config.xml";
```

```
        try {
            Reader reader = Resources.getResourceAsReader(resource);
            sessionFactory = new SqlSessionFactoryBuilder().build(reader);
            sqlSessionTemplate = new SqlSessionTemplate(sessionFactory);
           // session = sessionFactory.openSession();
           // userMapper = session.getMapper(UserMapper.class);
        } catch (Exception e) {
            e.printStackTrace();
        }
    }
    public User findUserByUsernameAndPassword(String username, String password) {
        HashMap<String, Object> paramMaps =new HashMap();
        paramMaps.put("username",username);
        paramMaps.put("password",password);
       // sqlSessionTemplate.update("update",paramMaps);
  User user=sqlSessionTemplate.selectOne("com.ssm.mapper.UserMapper.findUserByUsernameAndPassword",
paramMaps); return user;
    }
  }
```

UserDaoImpl 类中，我们使用了 MyBatis-Spring 整合包提供的 SqlSessionTemplate 类，该类实现了 MyBatis 的 SqlSession 接口，可以替换 MyBatis 中原有的实现类 SqlSession 来进行数据库访问操作，并且它是线程安全的。使用 SqlSessionTemplate 类可以更好地与 Spring 服务融合并简化部分流程化的工作，还可以和当前 Spring 事物关联、自动管理会话的生命周期，包括必要的关闭、提交和回滚操作。

实现过程：首先，使用常用阅读器 Reader 将"mybatis-config.xml"配置文件读出放入 reader 对象中，然后通过 SqlSessionFactoryBuilder().build(reader)方法创建一个 SqlSessionFactory 对象 sessionFactory，最后再通过 new SqlSessionTemplate(sessionFactory)创建一个 SqlSessionTemplate 对象 sqlSessionTemplate。至此，我们就可以调用 sqlSessionTemplate 的增、删、改、查方法，完成对数据库的操作了。

本例的 findUserByUsernameAndPassword 方法中，首先创建了一个 HashMap<String, Object>对象 paramMaps，再把方法的两个参数 username、password 置入 paramMaps，最后通过 sqlSessionTemplate.selectOne("com.ssm.mapper.UserMapper.findUserByUsernameAndPassword",paramMaps)查询出用户 user 并作为方法的返回值输出。"com.ssm.mapper.UserMapper.findUserByUsernameAndPassword"指明调用 UserMapper.findUserByUsernameAndPassword 的 SQL 映射文件作为 sqlSessionTemplate.selectOne 的第一个参数。当然，sqlSessionTemplate 类中有许多方法，包括增、删、改、查等操作，我们今后会用到其增、删、改等方法。其结构如图 7-1 所示。

（3）创建 Service 层。

Service 层主要负责业务模块的逻辑应用设计，同样是首先设计 UserService 接口，再设计其实现的 UserServiceImpl 类，这样我们就可以在应用中调用 Service 接口来进行业务处理。Service 层的业务实现，具体要调用到已定义的 Dao 层的 IUserDao 接口，封装 Service 层的业务逻辑有利于通用的业务逻辑的独立性和重复利用性，程序显得非常简洁。还有 Service 层的实现类需要标注@Service 注解，如果一个类带了@Service 注解，就将自动注册到 Spring 容器，不需要再在配置文件中定义 Bean 了。

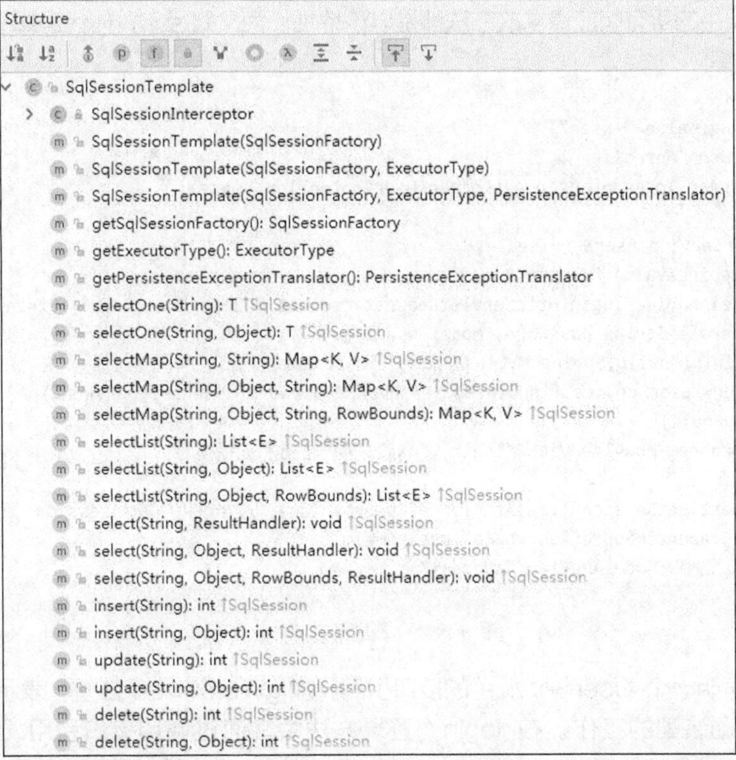

图 7-1

① UserService 接口代码，如【例 7-8】所示。

【例 7-8】

```
public interface UserService {
   public User findUserByUsernameAndPassword(String username,String password);
}
```

② UserServiceImpl 实现类代码，如例 7-9 所示。

【例 7-9】

```
@Service
public class UserServiceImpl implements  UserService {
   private IUserDao userDao;
   public UserServiceImpl() {
      userDao=new UserDaoImpl();
   }
   public User findUserByUsernameAndPassword(String username, String password) {
      try{
         return userDao.findUserByUsernameAndPassword(username,password);
      }catch (Exception e){
         e.printStackTrace();
         return null;
      }
   }
```

（4）创建 Controller 层，以 Servlet API 作为参数使用。

创建 Controller 层的 UserController 控制类，并在类定义中标注@Controller 注解，指明该类作为控制类；标注@RequestMapping(value="/user")注解，指明该类是一个用来处理请求地址映射的控制类，表示类中的所有响应请求的方法都是以该地址作为父路径。具体代码如【例 7-10】所示。

【例 7-10】

```
@Controller
@RequestMapping(value="/user")
public class UserController {
    private Logger logger=Logger.getLogger(UserController.class);
  @Autowired
  private UserService userService;
   @RequestMapping(value="/login")
    public ModelAndView login(HttpServletRequest request,@Param("username") String username,
@Param("password") String password, Model model){
        logger.info("hello,Spring MVC!username!"+username);
        User user= userService.findUserByUsernameAndPassword(username,password);
        if(user==null){
            return new ModelAndView("login","msg","用户名或密码错误");
        }else {
            request.getSession().setAttribute("user",user); //当前用户放入 session
            model.addAttribute("username",username);
            return new ModelAndView("success");
        }
    }
}
```

该例中，先声明一个 UserService 的接口引用，加@Autowired 注解，表示对类成员变量进行标注，完成自动装配的工作。在 login ()登录方法中，通过调用接口引用 UserService 的 findUserByUsernameAndPassword(username,password)方法，再逐层调用 Dao 层、Mapper 层的方法，最后和数据库 user 表的 username、password 相匹配，来完成用户登录的验证工作。另外，方法中使用了 HttpServletRequest request 作为参数，该参数作为一个 Servlet API 直接入参，并通过 request.getSession().setAttribute("user",user)将当前用户放入 session 中，以备前台和后台共用。

（5）创建 View。

首先创建一个登录页面 login.jsp，在页面中可以输入用户名、密码，再增加“提交”按钮，其次，再创建一个登录成功页面 success.jsp，页面输出传递过来的 username。

在登录页面 login.jsp 中单击“提交”按钮，即可执行 URL 为"/user/login"的 action，也就是执行了 UserController 控制类的 login()方法。JSP 中 input 控件的 name 属性值作为实参传递给了 UserController 控制类的 login()方法。然后，在 login()方法中做出条件判断，如果 findUserByUsernameAndPassword 方法匹配成功，就说明用户名和密码正确，生成一个 ModelAndView ("success")返回到客户端显示。如果匹配不成功，就返回 login 登录页面，并显示“用户名或密码错误”的错误信息。视图 login.jsp 和 success.jsp 代码如【例 7-11】和【例 7-12】所示。

① login.jsp 代码。

【例 7-11】

```
<%@ page contentType="text/html;charset=UTF-8" language="java" %>
<html>
<head>
    <title>Title</title>
</head>
<body>
<h2>${msg}</h2>
```

```
<form method="post"  modelAttribute="user" action="/user/login">
    请输入 username: <input  type="text" name="username"/><br>
    请输入 password: <input  type="password" name="password"/><br>
    <input type="submit" value="提交" />
</form>
</body>
</html>
```

② success.jsp 代码。

【例 7-12】

```
<%@ page contentType="text/html;charset=UTF-8" language="java" %>
<html>
<head>
    <title>Title</title>
</head>
<body>
<h1>username(key:username)-->${username}</h1>
</body>
```

另外，我们可以在 web.xml 中设置欢迎页面，具体代码如【例 7-13】所示。

【例 7-13】

```
<welcome-file-list>
    <welcome-file>/WEB-INF/jsp/login.jsp</welcome-file>
lcome-file-list>
```

微课：登录功能的演示

部署运行，我们在地址栏中直接输入 http://localhost:8080/即可访问 login.jsp 页面，如图 7-2 所示。如果输入正确的用户名和密码，就将成功跳转到 success.jsp 页面，并显示用户信息，如图 7-3 所示。如果输入的用户名或者密码不正确，就回到 login.jsp 页面，并显示出错信息，如图 7-4 所示。

图 7-2

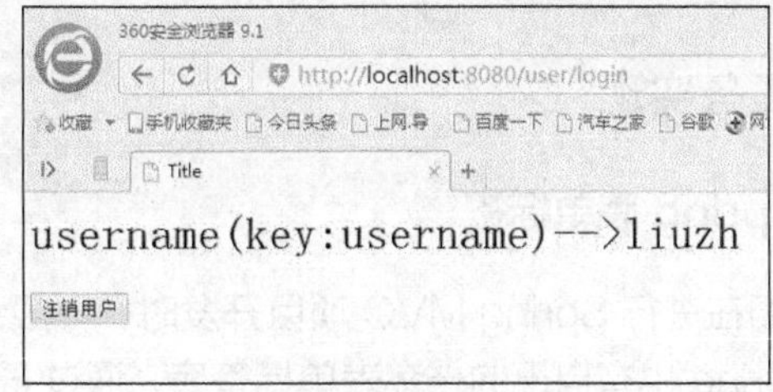

图 7-3

图 7-4

（二）注销用户功能的实现

用户注销中，我们设计一个注销用户的 public String loginOut(HttpServletRequest request)

的方法，方法用 request.getSession().removeAttribute("user")方法获取 session 中当前用户信息并注销，而 request.getSession().invalidate()方法是注销所有 session 信息。具体代码如【例 7-14】所示。

【例 7-14】

```
@RequestMapping(value = "/loginout", method = RequestMethod.POST)
    public String loginOut(HttpServletRequest request) {
        request.getSession().removeAttribute("user");
        //request.getSession().invalidate();
        return ("success");
    }
```

在 success,jsp 页面中添加“注销用户”按钮，并添加代码如【例 7-15】所示。

【例 7-15】

```
<form action="/user/loginout" method="post">
    <input type="submit" value="注销用户">
</form>
```

因为注销用户只是把 session 中的信息删除，所以不涉及 Service 层等组件，因此不需要调用其他组件。

任务三 实现增加用户功能

任务要求

本任务要求了解 Spring 表单标签的引入、实现增加用户功能及加入服务器端数据校验等。

任务实现

（一）Spring 表单标签

我们在进行 Spring MVC 项目开发时，一般会使用 EL 表达式和 JSTL 标签来完成页面视图，其实 Spring 也有自己的一套表单标签库，通过 Spring 表单标签，可以很容易地将模型数据中的表单/命令对象绑定到 HTML 表单元素中。下面就通过一个示例来演示该标签库的用法。

首先和使用 JSTL 标签一样，在使用 Spring 表单标签之前，必须在 JSP 页面中添加一行引用 Spring 标签库的声明。在 WEB-INF/jsp/下增加 adduser.jsp 页面，关键代码如【例 7-16】所示。

【例 7-16】

```
<%@ taglib prefix="form" uri="http://www.springframework.org/tags/form" %>
```

在 JSP 设计页面中引入标签声明之后就可以使用 Spring 表单标签了。下面就以使用<form:form>表单标签为例，实现增加用户信息功能，增加用户视图 adduser.jsp 关键代码如【例 7-17】所示。

【例 7-17】

```
<form:form modelAttribute="user" method="post" action="/user/adduser" >
    <table>
        <tr>
            <td>用户名：</td>
            <td><form:input path="username"/></td>
        </tr>
```

```
        <tr>
            <td>密码: </td>
            <td><form:input path="password"/></td>
        </tr>
        <tr>
            <td>
                <form:radiobutton path="role.rid" value="1"/>系统管理员
                <form:radiobutton path="role.rid" value="4"/>学生
            </td>
        </tr>
        <tr>
            <td><input type="submit" value="保存"></td>
        </tr>
    </table>
</form:form>
```

Spring 提供了十几个表单标签，如上述代码中的<form:form>标签，该标签的 modelAttribute 属性用来指定绑定的模型属性，若该属性不指定，默认从模型中尝试获取名为“command”的表单对象，若不存在此对象将会报错，所以一般情况下都会指定 modelAttribute 属性。还有<form:input>、<form:radiobutton>等标签，都用来绑定表单对象的属性值。基本上这些表单都拥有以下属性。

（1）path：属性路径，表示表单对象属性，如 username、password 等。

（2）cssClass：表单组件对应的 CSS 样式类名。

（3）cssErrorClass：提交表单后报错（服务端错误）时采用的 CSS 样式类。

（4）cssStyle：表单组件对应的 CSS 样式。

（5）htmlEscape：绑定的表单属性值是否要对 HTML 特殊字符进行转换，默认为 true。

此外，表单组件标签也拥有 HTML 标签的各种属性，如 id、onclick 等，可以根据需要灵活使用。新增用户的设计步骤分为以下几步。

（1）在 success.jsp 页面中添加一个“添加用户”按钮。

为了能获取 adduser.jsp 表单，在 success.jsp 页面中添加一个“添加用户”按钮，其功能是调用“添加用户”页面的 adduser.jsp 菜单。代码如【例 7-18】所示，“添加用户”页面如图 7-5 所示。

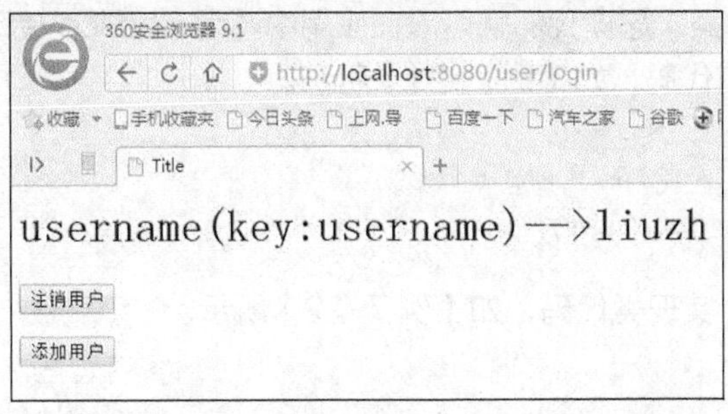

图 7-5

【例 7-18】

```
<form action="/user/toadduser" method="post">
    <input type="submit" value="添加用户">
</form>
```

（2）在控制类中添加 toAdduser 方法。

在 UserController 控制类中添加一个 toAdduser 方法，定义 URL 为/user/toadduser（定义

UserController 类的 URL 为@RequestMapping(value="/user")），其作用是渲染出一个 adduser.jsp 视图，代码如【例 7-19】所示。

【例 7-19】

```
@RequestMapping("/toadduser")
   public ModelAndView toAdduser(Model model){
      model.addAttribute("user",new User());
      return new ModelAndView("adduser") ;
```

方法中通过数据模型对象 model.addAttribute("user",new User())将一个 user 对象置入模型视图对象 adduser 中，然后再根据 HTTP 请求消息进一步填充覆盖 user 对象。

微课：添加用户

（3）定义 addUser 方法。

在 UserController 控制类中添加一个 addUser 方法，定义 URL 为/user/adduser，代码如【例 7-20】所示。

【例 7-20】

```
@RequestMapping(value ="/adduser",method=RequestMethod.POST)
   @ResponseBody
   public ModelAndView addUser(HttpServletRequest request,User user){
         if(service.addUser(user)){
             request.getSession().setAttribute("user",user);
             return new ModelAndView("success","alluser",userService.getAllUsers()) ;
         }else{
             return new ModelAndView("adduser","msg","用户名或账户错误");
         }
   }
```

此控制类的主要作用是将前台传来的 user 对象用 service.addUser(user)进行保存，如果保存成功就跳转到 success.jsp 界面，并通过 userService.getAllUsers()方法将用户列表数据传到视图显示，否则回到“添加用户”页面并显示出错信息。

（4）创建 Service 层。

Service 层主要负责业务模块的逻辑应用设计。同样是首先设计 UserService 接口，再设计其实现的 UserServiceImpl 类，这样我们就可以在应用中调用 Service 接口来进行业务处理。

① UserService 接口代码，如【例 7-21】所示。

【例 7-21】

```
public interface UserService {
        boolean addUser(User user);
}
```

② UserServiceImpl 实现类代码，如【例 7-22】所示。

【例 7-22】

```
@Service
public class UserServiceImpl implements  UserService {
   private IUserDao userDao;
      public UserServiceImpl() {
         userDao=new UserDaoImpl();
      }
   public boolean addUser(User user) {
     Boolean t= userDao.addUser(user);
      return t;
   }
```

```
}
```

（5）创建 Dao 层。

Dao 层主要由 IUserDao 接口和实现该接口的 UserDaoImpl 类组成，其中 UserDaoImpl 类调用了 UserMapper 接口的方法。其中，UserDaoImpl 类的构造函数中定义了 sqlSession Template 类，我们前面讲过，sqlSessionTemplate 类实现了 MyBatis 的 SqlSession 接口，可以替换 MyBatis 中原有的 SqlSession 实现类来提供数据库访问操作，并且它是线程安全的。在增加用户的 addUser 方法中，我们使用了 sqlSessionTemplate.insert 方法，该方法的第一个参数 com.ssm.mapper.UserMapper.addUser 指向 UserMapper.xml 中 id 为 addUser 的 SQL 映射文件，第二个参数 user 是由前台传来的属性值。

① IUserDao 接口代码，如【例 7-23】所示。

【例 7-23】

```
public interface IUserDao {
       public boolean addUser(User user); //添加用户
}
```

② UserDaoImpl 实现类代码，如【例 7-24】所示。

【例 7-24】

```
@Repository
@Transactional
public class UserDaoImpl implements IUserDao {
   private SqlSessionFactory sessionFactory;
   private SqlSession session;
   private UserMapper userMapper;
   SqlSessionTemplate sqlSessionTemplate;
   public UserDaoImpl() {
      String resource = "mybatis-config.xml";
      try {
         Reader reader = Resources.getResourceAsReader(resource);
         sessionFactory = new SqlSessionFactoryBuilder().build(reader);
         sqlSessionTemplate = new SqlSessionTemplate(sessionFactory);
      } catch (Exception e) {
        e.printStackTrace();
      }
}
public  boolean addUser(User user){
      try{
         sqlSessionTemplate.insert("com.ssm.mapper.UserMapper.addUser",user);
         return  true;
      }catch (Exception e){
         return false;
         }
   }
}
```

（6）创建 Mapper 层。

Mapper 层主要由 UserMapper 接口和 UserMapper.xml 组成，其中 UserMapper.xml 是 UserMapper 接口各个方法的 SQL 映射文件，是直接操作数据库的模块。

① UserMapper 接口代码，如【例 7-25】所示。

【例 7-25】

```
public interface UserMapper {
```

```
    boolean addUser(com.ssm.model.User user);
}
```

② UserMapper.xml 配置文件代码，如【例 7-26】所示。

【例 7-26】

```
<insert id="addUser" parameterType="com.ssm.model.User">
    insert into user(username,password,rid)      values(#{username},#{password},#{role.rid})
</insert>
```

部署运行，测试一下效果。

在 success.jsp 页面中单击“添加用户”按钮，弹出“添加用户”页面，运行效果如图 7-6 所示。

图 7-6

单击“保存”按钮，即可提交数据。页面效果如图 7-7 所示，新增数据“测试用户 08”保存成功。

用户列表

ID	用户名	密码	角色
81	测试用户08	111111	学生

图 7-7

（二）使用 JSR 303 实现数据校验

到目前为止，在改造学生信息管理系统的增加用户功能时，一直没有加入服务器端的数据验证。在 Spring MVC 中有两种方式可以验证输入：利用 Spring 自带的验证框架和利用 JSR 303 实现。

在本任务主要介绍利用 JSR 303 实现服务器的数据验证。JSR 303 是 Java 为 Bean 数据合法性校验所提供的标准框架。JSR 303 通过在 Bean 属性上标注类似于@NotEmpty、@NotNull 等的标准注解指定校验规则，并通过标准的验证接口对 Bean 进行验证。JSR 303 不需要编写验证器，它定义了一套可标注在成员变量、属性方法上的校验注解，如表 7-1 所示。

表 7-1　JSR 303 约束

约束	说明
@Null	被注释的元素必须为 null
@NotNull	被注释的元素必须不为 null

续表

约束	说明
@AssertTrue	被注释的元素必须为 true
@AssertFalse	被注释的元素必须为 false
@Max(value)	被注释的元素必须是一个数字，其值必须大于等于指定的最大值
@Min(value)	被注释的元素必须是一个数字，其值必须小于等于指定的最小值
@DecimalMax(value)	被注释的元素必须是一个数字，其值必须大于等于指定的最大值
@DecimalMin(value)	被注释的元素必须是一个数字，其值必须小于等于指定的最小值
@Size(max,min)	被注释的元素的大小必须在指定的范围内
@Digits(integer,fraction)	被注释的元素必须是一个数字，其值必须在可接受的范围内
@Past	被注释的元素必须是一个过去的日期
@Future	被注释的元素必须是一个将来的日期

Spring MVC 是支持 JSR 303 标准的校验框架，Spring 的 DataBinder 在进行数据绑定时，可同时调用校验框架来完成数据校验工作，非常方便。在 Spring MVC 中，可以直接通过注解驱动的方式来进行数据校验。

下面我们就对上一个示例在新增用户时添加 JSR 303 验证。

（1）在 pom.xml 中添加 JSR 303 的依赖。

Spring 本身没有提供 JSR 303 的实现，hibernate-validator 实现了 JSR 303，所以必须在项目中加入 hibernate-validator 库的 jar 包，本书使用的版本为 hibernate-validator.5.1.3.Final。JSR 303 实现主要依赖以下 3 个 jar 包。

① hibernate-validator.5.1.3.Final。

② validation-api.1.1.0.Final。

③ jboss-logging.3.1.1.GA。

pom.xml 的具体代码如【例 7-27】所示。

【例 7-27】

```
<dependency>
     <groupId>org.hibernate</groupId>
     <artifactId>hibernate-validator</artifactId>
     <version>5.1.3.Final</version>
   </dependency>
   <dependency>
     <groupId>javax.validation</groupId>
     <artifactId>validation-api</artifactId>
      <version>1.1.0.Final</version>
   </dependency>
   <dependency>
     <groupId>org.jboss.logging</groupId>
     <artifactId>jboss-logging</artifactId>
     <version>3.1.1.GA</version>
   </dependency>
```

（2）改造 POJO（User.java）。

修改 User.java 实体类，给需要验证的属性增加相应的校验注解，关键代码如【例 7-28】所示。

【例 7-28】

```
package com.ssm.model;
import org.hibernate.validator.constraints.Length;
import org.hibernate.validator.constraints.NotEmpty;
public class User {
     @NotEmpty(message = "用户名不能为空")
     private String username;
     @NotEmpty(message ="密码不能为空" )
     @Length(min = 6,max = 10,message = "用户密码长度为 6-10 位")
     private String password;
     private int uid;
     private Role role;
//...省略 getter 和 setter 方法
}
```

在上述代码中，除了表 7-1 中介绍过的几个校验注解之外，还有@NotEmpty 注解（表示被注释的字符串必须非空）、@Length 注解（表示被注释的字符串的大小必须在指定范围内）等，这些都是 hibernate-validator 提供的扩展注解。

（3）改造 Controller 层的 addUser()方法。

在 User.java 中相关属性标注校验注解后，下一步就需要在 Controller 层中使用注解所声明的限制规则来进行数据校验。由于<mvc:annotation-driven/>会默认装配好一个 LocalValidatorFactoryBean，通过在 Controller 层的处理方法的入参上标注@Valid 注解即可让 Spring MVC 在完成数据绑定之后，执行数据校验工作。修改 UserController.java 的 addUser()方法，关键代码如【例 7-29】所示。

【例 7-29】

```
@RequestMapping(value ="/adduser",method=RequestMethod.POST)
   @ResponseBody
   public ModelAndView  addUser(@Valid  User user, BindingResult bindingResult, HttpServletRequest
request ){
       if(bindingResult.hasErrors()){
          logger.debug("add user validated has error===");
          return new ModelAndView("adduser") ;
       }else {
          if(userService.addUser(user)){
             request.getSession().setAttribute("user",user);
             return new ModelAndView("success","alluser",userService.getAllUsers()) ;
          }
        return new ModelAndView("adduser","msg","用户名或账户错误");
             }
   }
```

在此代码中，使用了 JSR 303 数据校验框架，其中在入参对象“User user”前标注了@Valid 注解，意味着将会调用校验框架，根据注解声明的校验规则实施校验，校验结果存入后面的 BindingResult bindingResult 入参中，并且这个入参必须是 BindingResult 或者 Error 类型。在该方法体内，首先根据 BindingResult 来判断是否存在错误，如果有错误就跳转到“用户添加”页面，如果没有错误就保存新增用户信息。

（4）改造添加用户视图 adduser.jsp。

最后一步则是将验证的错误信息显示在页面中，进行相应的信息提示。改造 adduser.jsp 页面，关键实现代码如【例 7-30】所示。

【例 7-30】

```
<%@ page language="java" contentType="text/html; charset=UTF-8" pageEncoding="UTF-8"%>
<%@ taglib prefix="form" uri="http://www.springframework.org/tags/form" %>
<html>
<body>
<h3>添加用户</h3>
<!-- 绑定 user -->
<form:form modelAttribute="user" method="post" action="/user/adduser" >
    <table>
        <tr>
            <td>用户名: </td>
            <td><form:input path="username"/></td>
            <!-- 使用 form:errors 标签 显示 username 属性的错误信息 -->
            <td><form:errors path="username" cssStyle="color:red"/></td>
        </tr>
        <tr>
            <td>密码: </td>
            <td><form:input path="password"/></td>
            <!-- 使用 form:errors 标签  显示 password 属性的错误信息 -->
            <td><form:errors path="password" cssStyle="color:red"/></td>
        </tr>
        <tr>
            <td><input type="submit" value="保存"></td>
        </tr>
    </table>
</form:form>
</body>
</html>
```

在代码中，使用<form: errors/>标签在 JSP 页面中显示错误信息，如<form:errors path="username" cssStyle="color:red"/>以红色字体显示指定属性的校验错误信息。

微课：JSR 303 实现数据校验演示

部署运行，输入不满足验证规则的数据后，单击“保存”按钮，界面效果如图 7-8 所示。

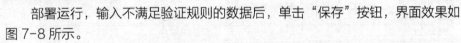

360安全浏览器 9.1
http://localhost:8080/user/adduser
收藏 手机收藏夹 今日头条 上网导 百度一下 汽车之家
localhost:8080/user/adduser

添加用户

用户名： 用户名不能为空
密 码： 用户密码长度为6-10位 密码不能为空
系统管理员 学生
保存

图 7-8

从运行结果中可以看出，根据具体规则，页面显示了相应的提示信息。

任务四 项目小结

任务要求

本任务要求回顾本项目重要知识点。

任务实现

本项目主要介绍了 Spring MVC 的核心应用、在 Controller 层以 Servlet API 作为参数使用、使用表单标签<form:form>的 modelAttribute 来制定绑定的模型属性、使用 JSR 303 实现服务器端的数据验证等知识点的运用，为后面实现 SSM 框架完整案例的学习做好准备工作。

任务五 拓展练习

任务要求

本任务通过一个显示用户列表的案例使大家牢固掌握 Spring MVC 核心应用的使用过程。

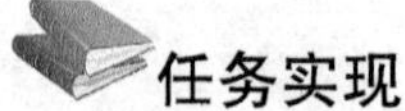

任务实现

【实训】编写 Web 界面，显示所有用户的信息，运行结果如图 7-9 所示。

用户列表

ID	用户名	密码	角色
81	测试用户08	111111	学生
65	201803020027	1	学生
64	201803020029	1	学生
63	201402020284	1	学生
62	201401080153	1	学生
54	gg	888	访客
46	gjl	1	系部宿管员
36	whq	1	系部教务员
1	liuzh	1	系统管理员

图 7-9

（1）在 WEB-INF\jsp 下创建视图 userlist.jsp，具体实现代码如下所示。

```
<%@ page contentType="text/html;charset=UTF-8" language="java" %>
<%@ taglib prefix="c" uri="http://java.sun.com/jsp/jstl/core" %>
<html>
<head>
   <title>Title</title>
</head>
```

```
<body>
<h1>username(key:username)-->${username}</h1>
<br/>
<c:if test="${alluser.size()!=0}">
  <table id="tbitem" border="1" bgcolor="#f0f8ff" align="center" valign="center">
    <caption>用户列表</caption>
       <tr>
          <th width="100px">ID</th>
          <th width="200px">用户名</th>
          <th width="200px">密码</th>
          <th width="200px">角色</th>
       </tr>
       <c:forEach items="${alluser}" var="user">
          <tr>
             <td>${user.uid}</td>
             <td>${user.username}</td>
             <td>${user.password}</td>
             <td>${user.role.rname}</td>
          </tr>
       </c:forEach>
       <tr>
          <td colspan="3">${msg}</td>
       </tr>
    </table>
  </c:if>
  </body>
</html>
```

（2）在 com.ssm.controller 包中创建 Controller 层的 UserController 类，用户登录成功后，页面转向 userlist.jsp，并通过 userService.getAllUsers()方法将用户列表信息获取后，作为 Model 数据对象带到视图 userlist.jsp 中显示。具体实现代码如下所示。

```
@Controller
@RequestMapping(value="/user")
public class UserController {
   private Logger logger=Logger.getLogger(UserController.class);
   @Autowired
  private UserService userService;
 @RequestMapping(value="/login")
   public ModelAndView login(HttpServletRequest request,@Param("username") String username,
@Param("password") String password, Model model){
      logger.info("hello,Spring MVC!username!"+username);
      // model.addAttribute("userId",userId);
      User user= userService.findUserByUsernameAndPassword(username,password);
      if(user==null){
         return new ModelAndView("login","msg","用户名或密码错误");
      }else {
         request.getSession().setAttribute("user",user);//当前用户放入 session
         model.addAttribute("username",username);
        return new ModelAndView("userlist","alluser",userService.getAllUsers());//显示用户列表
      }
   }
```

（3）在 com.ssm.service 包中的 UserService 接口中声明 List<User> getAllUsers()方法，再在 UserServiceImpl 类中实现 UserService 接口的 getAllUsers()方法，该方法调用了 userDao.getAllUsers()方法。

① UserService 接口代码。

```
List<User> getAllUsers();
```

② UserServiceImpl 类代码。

```
public List<User> getAllUsers() {
      return userDao.getAllUsers();
}
```

（4）在 com.ssm.dao 包中的 UserService 接口中声明 List<User> getAllUsers()方法，再在 UserServiceImpl 类中实现 UserService 接口的 getAllUsers()方法，该方法调用了 userMapper.getAllUsers()方法。

① UserService 接口代码。

```
List<User> getAllUsers();
```

② UserDaoImpl 类代码。

```
   @Repository
   @Transactional
   public class UserDaoImpl implements IUserDao {
      private SqlSessionFactory sessionFactory;
      private SqlSession session;
      private UserMapper userMapper;
      SqlSessionTemplate sqlSessionTemplate;
      public UserDaoImpl() {
         String resource = "mybatis-config.xml";
          try {
             Reader reader = Resources.getResourceAsReader(resource);
             sessionFactory = new SqlSessionFactoryBuilder().build(reader);
             session = sessionFactory.openSession();
             userMapper = session.getMapper(UserMapper.class);
          } catch (Exception e) {
             e.printStackTrace();
          }
      }
   public List<User> getAllUsers() {
         return userMapper.getAllUsers();
}
```

（5）在 com.ssm.mapper 包中的 UserMapper 接口中声明 List<User> getAllUsers()方法，再在 resources/mapper 下的 UserMapper.xml（先前已创建）中新建 SQL 映射文件 getAllUsers，注意 resultMap 为 userResult。

① UserMapper 接口代码。

```
List<User> getAllUsers();
```

② UserMapper.xml 代码。

```
 <resultMap type="com.ssm.model.User" id="userResult">
       <id property="uid" column="uid" />
       <result property="username" column="username" />
       <result property="password" column="password" />
       <association column="rid" property="role" javaType="com.ssm.model.Role" resultMap=
"roleResult"></association>
   </resultMap>
 <select id="getAllUsers" resultMap="userResult">
       select u.uid,u.username,u.password,u.rid,r.rname from user u left join role r on u.rid=r.rid
ORDER BY uid DESC
```

```
</select>
```

课后练习

1. 填空题

（1）对于 Spring 表单标签<fm:form>，可通过该标签的__________来指定绑定的模型属性。

（2）在 Spring MVC 中，____________的类可以作为处理方法的入参使用，非常方便。

2. 选择题

（1）Spring MVC 中，需要通过（　　）标签来实现静态资源的访问。

A. <mvc:default-servlet-handler/>

B. <mvc:resources/>

C. <mvc:annotation-driven/>

D. <context:component-scan />

（2）JSR 303 的约束中，被注释的元素必须非空的约束注释是（　　）。

A. @Null　　B. @Empty

C. @NotEmpty　　D. @NotNull

（3）JSP 视图页面中信息提示的（EL）表达式的正确形式是（　　），通过该表达式可以获取控制类传到 View 层的数据。

A. #{}　　B. &{}　　C. ${}　　D. %{}

（4）JSP 视图页面中 form 表单的 input 控件的（　　）属性值与被调用的 Controller 类的方法中由@Param 注解标注的参数名要一致。

A. action　　B. name　　C. method　　D. value

3. 简答题

（1）列举几个常用的 Spring 表单标签。

（2）简述 Spring MVC 的数据校验流程。

4. 编程题

改造学生信息管理系统，完成修改用户功能，其中“用户列表”页面如图 7-10 所示，“修改用户”页面如图 7-11 所示，修改成功后的“用户列表”页面如图 7-12 所示。

用户列表

ID	用户名	密码	角色	操作
81	测试用户08	1	学生	删除 修改
65	201803020027	1	学生	删除 修改
64	201803020029	1	学生	删除 修改
63	201402020284	1	学生	删除 修改
62	201401080153	1	学生	删除 修改
54	gg	888	访客	删除 修改
46	gjl	1	系部宿管员	删除 修改
36	whq	1	系部教务员	删除 修改
1	liuzh	1	系统管理员	删除 修改

图 7-10

图 7-11

用户列表

ID	用户名	密码	角色	操作
81	测试用户01	1	系统管理员	删除 修改

图 7-12

提示内容如下。

① 后台：Dao、Service、POJO 层均使用提供的素材即可。

② 控制层：在 UserController.java 下，增加处理方法 public ModelAndView tomodifyUser(Model model)和 public ModelAndView modifyUser(User user)来完成修改用户功能，其中 tomodifyUser 方法是用户在用户列表显示界面中单击“修改”按钮时触发，modifyUser 方法是用户在 modifyuser.jsp 视图中修改完用户名、密码和角色后单击“修改”按钮时触发。

③ 视图层：创建 modifyuser.jsp，负责修改用户的视图。

④ 部署并运行测试结果。

项目八

SSM 框架整合项目实战

通过前面的学习，读者掌握了 Spring、MyBatis 及 Spring MVC 框架的使用。在实际开发中通常将 Spring、MyBatis 及 Spring MVC 三大框架整合在一起。本项目将对 Spring、Spring MVC 及 MyBatis 框架（即 SSM 框架）的整合构建进行详细的讲解。

课堂学习目标

- SSM 框架整合思路
- SSM 框架整合环境构建
- SSM 框架整合实现与测试

任务一　整合思路

任务要求

本任务要求掌握 SSM 框架搭建的基本知识和操作。

任务实现

本项目通过一个学生信息管理项目讲述如何使用 SSM 整合框架来开发一个 Web 应用。通过本项目的学习，读者能够掌握 SSM 框架应用开发的流程、方法及技术。

本项目主要内容如下。

① 系统设计。

② 数据库设计。

③ 系统管理。

④ 组件设计。

⑤ 系统实现。

本项目系统使用 SSM 框架实现各个模块，其中 Web 服务器使用 Tomcat，数据库采用的是 MySQL，集成开发环境为 IntelliJ IDEA 2018，本案例搭建的项目为 Apache Maven 的 Webapp 项目。

任务二 系统设计

任务要求

本任务要求对学生信息平台进行总体设计，该平台分为两个子系统：一个是学生信息后台管理系统（简称后台管理子系统）；一个是学生个人信息系统。下面分别说明这两个子系统的功能需求与模块划分。

任务实现

（一）系统功能需求

1．后台管理子系统

后台管理子系统要求系统管理员登录成功后才能对用户、班级及学生信息进行管理，包括添加用户、删除用户、修改用户、查询班级信息、查询学生信息、发布公告、删除公告等操作。

2．学生个人信息系统

成功登录后的学生用户可以查看本人注册信息、床位号等，另外具有浏览公告的权限。

（二）系统模块划分

1．后台管理子系统

管理员登录后进入后台管理主页面（main.jsp），可以对用户、班级、学生信息及网站公告进行管理。后台管理子系统的模块划分如图 8-1 所示。

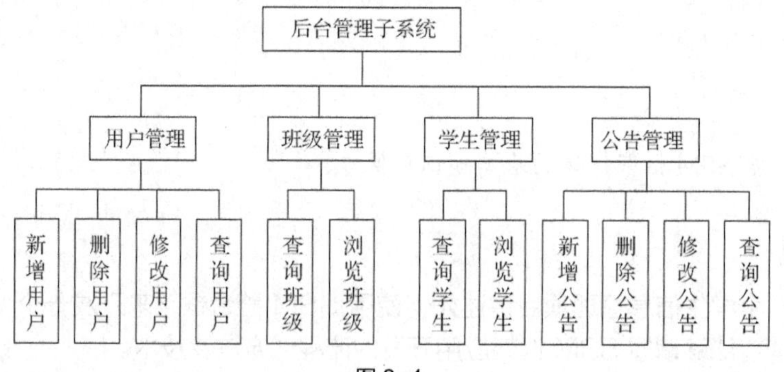

图 8-1

2．学生个人信息系统

学生登录后进入后台管理主页面（studentmain.jsp），可以查看个人信息及公告等。学生个人信息子系统的模块划分如图 8-2 所示。

（三）数据库设计

系统采用加载纯 Java 数据库驱动程序的方式连接 MySQL 数据库。在 MySQL 中创建数据库 test，并在 test 中创建 8 张与系统相关的数据表，即用户表（user）、角色表（role）、资源表（controller）、角色资源表（role_controller）、学生表（student）、班级表（class）、住宿表（bunk）和公告表（noticetable）。

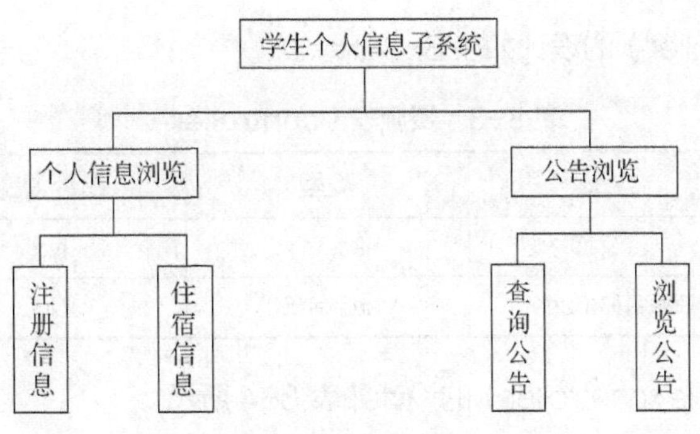

图 8-2

1. 数据库概念结构设计

根据系统设计与分析可以设计出如下数据结构。

（1）用户：包括用户 ID、用户名、密码、角色 ID，其中用户 ID 为主键，角色 ID 为外键。

（2）角色：包括角色 ID、角色名称，其中角色 ID 为主键。

（3）资源：包括资源 ID、资源名称，其中资源 ID 为主键。

（4）角色资源：包括角色资源 ID、角色 ID、资源 ID，其中角色资源 ID 为主键，角色 ID、资源 ID 为外键。

（5）学生：包括学号、姓名、性别、班级 ID、学籍状态、床位 ID，其中学号为主键，班级 ID 为外键。

（6）班级：包括班级 ID、班级名称、年级、是否毕业、系别 ID、系别名称、专业 ID、专业名称，其中班级 ID 为主键。

（7）宿舍：包括床位 ID、学号、宿舍楼号、宿舍号、床号，其中床位 ID 为主键，学号为外键。

（8）公告：包括公告 ID、标题、公告内容及公告时间，其中公告 ID 为主键。

2. 数据库逻辑结构设计

将数据库概念结构图转换为 MySQL 数据库所支持的实际数据模型，即数据库的逻辑结构。

（1）用户表（user）的设计如表 8-1 所示。

表 8-1　用户表（user）

字段	含义	类型	是否为空	说明
uid	用户 ID	Int	No	主键
username	用户名	Varchar(20)	No	
password	密码	Varchar(50)	No	
rid	角色 ID	Int	No	外键

（2）角色表（role）的设计如表 8-2 所示。

表 8-2　角色表（role）

字段	含义	类型	是否为空	说明
rid	角色 ID	Int(11)	No	主键
name	角色名称	Varchar(50)	No	系统管理员、学生

（3）资源表（controller）的设计如表 8-3 所示。

表 8-3　资源表（controller）

字段	含义	类型	是否为空	说明
controller_id	资源 ID	Int(11)	No	主键
controller	资源名称（url）	Varchar(50)	No	如/login 等 url

（4）角色资源表（role_controller）的设计如表 8-4 所示。

表 8-4　角色资源表（role_controller）

字段	含义	类型	是否为空	说明
id	角色资源 ID	Int(11)	No	主键
rid	角色 ID	Int(11)	No	外键
controller_id	资源 ID	Int(11)	No	外键

（5）学生表（student）的设计如表 8-5 所示。

表 8-5　学生表（student）

字段	含义	类型	是否为空	说明
student_id	学号	char (14)	No	主键
student_name	姓名	Varchar(30)	No	
sex	性别	char (2)	No	
class_id	班级 ID	Int(11)	No	外键
student_state	学籍状态	char(16)	No	
bunk_id	床位 ID	char(6)		

（6）班级表（class）的设计如表 8-6 所示。

表 8-6　班级表（class）

字段	含义	类型	是否为空	说明
class_id	班级 ID	Int(11)	No	主键
class_name	班级名称	Varchar(18)	No	
grade	年级	Varchar(18)	No	
is_graduated	是否毕业	bit (1)	No	
department_code	系别 ID	Int(11)	No	
department	系别名称	Varchar(50)	No	
majoy_code	专业 ID	char(6)	No	
majoy	专业名称	Varchar(50)	No	

（7）住宿表（bunk）的设计如表 8-7 所示。

表 8-7　住宿表（bunk）

字段	含义	类型	是否为空	说明
bunk_id	床位 ID	Char(6)	No	主键
student_id	学号	Char(14)	No	外键
Buliding_id	宿舍楼号	Char(2)	No	
dorm_id	宿舍号	Char(3)	No	
bunk_number	床号	Char(1)	No	

（8）公告表（noticetable）的设计如表 8-8 所示。

表 8-8　公告表（noticetable）

字段	含义	类型	是否为空	说明
nid	公告 ID	int(11)	No	主键
ntitle	标题	varchar (100)	No	
ncontent	公告内容	varchar (500)	No	
ntime	公告时间	datetime		

3. 创建数据表

根据以上所述的逻辑结构创建数据表，具体代码如【例 8-1】所示。

【例 8-1】

```
-- ----------------------------
-- Table structure for bunk
-- ----------------------------
DROP TABLE IF EXISTS 'bunk';
CREATE TABLE 'bunk' (
  'bunk_id' char(6) NOT NULL,
  'student_id' char(14) DEFAULT NULL,
  'Buliding_id' char(2) DEFAULT NULL,
  'dorm_id' char(3) DEFAULT NULL,
  'bunk_number' char(1) DEFAULT NULL,
  PRIMARY KEY ('bunk_id'),
  KEY 'FK_Reference_4' ('student_id'),
  CONSTRAINT 'FK_Reference_4' FOREIGN KEY ('student_id') REFERENCES 'student' ('student_id')
) ENGINE=InnoDB DEFAULT CHARSET=utf8;
-- ----------------------------
-- Table structure for class
-- ----------------------------
DROP TABLE IF EXISTS 'class';
CREATE TABLE 'class' (
  'class_id' int(11) NOT NULL,
  'class_name' varchar(18) DEFAULT NULL,
  'grade' varchar(18) DEFAULT NULL,
  'is_graduated' bit(1) DEFAULT NULL,
  'department_code' int(11) DEFAULT NULL,
  'department' varchar(50) DEFAULT NULL,
  'majoy_code' char(6) DEFAULT NULL,
```

```
  'majoy' varchar(50) DEFAULT NULL,
  PRIMARY KEY ('class_id')
) ENGINE=InnoDB DEFAULT CHARSET=utf8;
-- ----------------------------
-- Table structure for controller
-- ----------------------------
DROP TABLE IF EXISTS 'controller';
CREATE TABLE 'controller' (
  'controller_id' int(11) NOT NULL AUTO_INCREMENT,
  'controller' varchar(255) DEFAULT NULL,
  PRIMARY KEY ('controller_id')
) ENGINE=InnoDB AUTO_INCREMENT=16 DEFAULT CHARSET=utf8;

-- ----------------------------
-- Table structure for role
-- ----------------------------
DROP TABLE IF EXISTS 'role';
CREATE TABLE 'role' (
  'rid' int(11) NOT NULL,
  'rname' varchar(50) NOT NULL,
  'perms' varchar(11) DEFAULT NULL,
  PRIMARY KEY ('rid'),
  KEY 'role_right' ('perms')
) ENGINE=InnoDB DEFAULT CHARSET=utf8;
-- ----------------------------
-- Table structure for role_controller
-- ----------------------------
DROP TABLE IF EXISTS 'role_controller';
CREATE TABLE 'role_controller' (
  'id' int(11) NOT NULL AUTO_INCREMENT,
  'rid' int(11) DEFAULT NULL,
  'controller_id' int(11) DEFAULT NULL,
  PRIMARY KEY ('id'),
  KEY 'rc_r' ('rid'),
  KEY 'rc_c' ('controller_id'),
  CONSTRAINT 'rc_c' FOREIGN KEY ('controller_id') REFERENCES 'controller' ('controller_id'),
  CONSTRAINT 'rc_r' FOREIGN KEY ('rid') REFERENCES 'role' ('rid')
) ENGINE=InnoDB AUTO_INCREMENT=27 DEFAULT CHARSET=utf8;
-- ----------------------------
-- Table structure for student
-- ----------------------------
DROP TABLE IF EXISTS 'student';
CREATE TABLE 'student' (
  'student_id' char(14) NOT NULL,
  'student_name' varchar(30) DEFAULT NULL,
  'sex' char(2) DEFAULT NULL,
  'class_id' int(11) DEFAULT NULL,
  'student_state' char(16) DEFAULT NULL,
  'bunk_id' char(6) DEFAULT NULL,
  'student_photo' mediumtext,
  PRIMARY KEY ('student_id'),
  KEY 'FK_Reference_2' ('class_id'),
  CONSTRAINT 'FK_Reference_2' FOREIGN KEY ('class_id') REFERENCES 'class' ('class_id')
) ENGINE=InnoDB DEFAULT CHARSET=utf8;
-- ----------------------------
```

```
-- Table structure for user
-- ----------------------------
DROP TABLE IF EXISTS 'user';
CREATE TABLE 'user' (
  'uid' int(11) NOT NULL AUTO_INCREMENT,
  'username' varchar(20) NOT NULL,
  'password' varchar(50) NOT NULL,
  'rid' int(11) DEFAULT NULL,
  PRIMARY KEY ('uid'),
  KEY 'u_r' ('rid'),
  CONSTRAINT 'u_r' FOREIGN KEY ('rid') REFERENCES 'role' ('rid')
) ENGINE=InnoDB AUTO_INCREMENT=62 DEFAULT CHARSET=utf8;
-- ----------------------------
-- Table structure for noticetable
-- ----------------------------
DROP TABLE IF EXISTS 'noticetable';
CREATE TABLE 'noticetable' (
  'nid' int(11) NOT NULL AUTO_INCREMENT,
  'ntitle' varchar(100) NOT NULL,
  'ncontent' varchar(500) NOT NULL,
  'ntime' datetime DEFAULT NULL,
  PRIMARY KEY ('nid')
) ENGINE=InnoDB AUTO_INCREMENT=6 DEFAULT CHARSET=utf8;
```

微课：数据库及表的设计

4．数据库表完整性约束

数据库表完整性约束如图 8-3 所示。

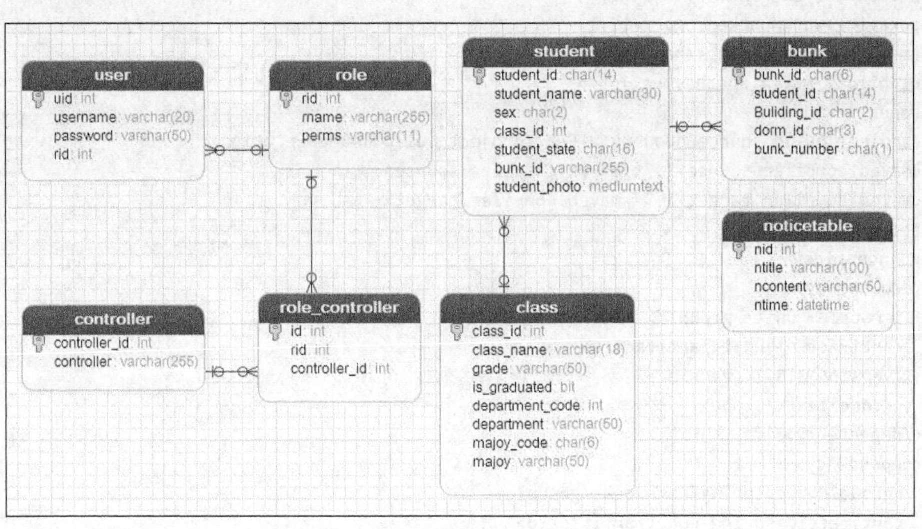

图 8-3

任务三 系统管理

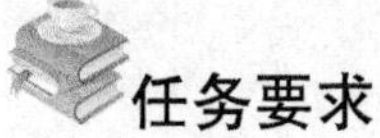

任务要求

搭建 Apache Maven 项目，配置项目环境，使用 Maven 的 pom.xml 对项目所依赖的 jar 包进行导入，对项目的主页面及项目相关配置文件进行设计。

微课：案例的环境搭建

任务实现

（一）使用 Maven 组件为项目添加依赖 jar 包

新建一个 Maven 的 Webapp 项目，命名为 SSMTestProject，配置好项目坐标 groupid 和 artifactId 后，即可在 SSMTestProject 项目中开发本系统。系统的所有 JSP 页面尽量使用 EL 表达式和 JSTL 标签，采用纯 Java 数据库驱动程序连接 MySQL 数据库。项目的 Maven 的依赖配置文件 pom.xml 用于管理项目源代码、配置文件、开发者的信息和角色、问题追踪系统、项目 UrL、项目依赖关系等，通过加载后这些配置会自动装配到项目中以备项目开发使用。项目的 pom.xml 文件代码如【例 8-2】所示。

【例 8-2】

```
<?xml version="1.0" encoding="UTF-8"?>
<project xmlns="http://maven.apache.org/POM/4.0.0" xmlns:xsi="http://www.w3.org/2001/XMLSchema-instance"
  xsi:schemaLocation="http://maven.apache.org/POM/4.0.0 http://maven.apache.org/xsd/maven-4.0.0.xsd">
  <modelVersion>4.0.0</modelVersion>
  <groupId>tjdz</groupId>
  <artifactId>lzh</artifactId>
  <version>1.0-SNAPSHOT</version>
  <packaging>war</packaging>
  <name>lzh Maven Webapp</name>
  <url>http://maven.apache.org</url>
  <properties>
    <project.build.sourceEncoding>UTF-8</project.build.sourceEncoding>
    <maven.compiler.source>1.7</maven.compiler.source>
    <maven.compiler.target>1.7</maven.compiler.target>
  </properties>
  <dependencies>
    <dependency>
      <groupId>junit</groupId>
      <artifactId>junit</artifactId>
      <version>3.8.1</version>
      <scope>test</scope>
    </dependency>
    <dependency>
      <groupId>org.springframework</groupId>
      <artifactId>spring-core</artifactId>
      <version>4.2.5.RELEASE</version>
    </dependency>
    <dependency>
      <groupId>com.fasterxml.jackson.core</groupId>
      <artifactId>jackson-core</artifactId>
      <version>2.7.2</version>
    </dependency>
    <dependency>
      <groupId>org.springframework</groupId>
      <artifactId>spring-context</artifactId>
      <version>4.2.5.RELEASE</version>
```

```
        </dependency>
        <dependency>
          <groupId>javax.servlet.jsp</groupId>
          <artifactId>jsp-api</artifactId>
          <version>2.2</version>
        </dependency>
        <dependency>
          <groupId>jstl</groupId>
          <artifactId>jstl</artifactId>
          <version>1.2</version>
        </dependency>
        <dependency>
          <groupId>org.springframework</groupId>
          <artifactId>spring-web</artifactId>
          <version>4.2.5.RELEASE</version>
        </dependency>
        <dependency>
          <groupId>org.springframework</groupId>
          <artifactId>spring-webmvc</artifactId>
          <version>4.2.5.RELEASE</version>
        </dependency>
        <dependency>
          <groupId>org.springframework.data</groupId>
          <artifactId>spring-data-jpa</artifactId>
          <version>1.9.4.RELEASE</version>
        </dependency>
        <dependency>
          <groupId>org.hibernate.javax.persistence</groupId>
          <artifactId>hibernate-jpa-2.0-api</artifactId>
          <version>1.0.1.Final</version>
        </dependency>
        <dependency>
          <groupId>org.hibernate</groupId>
          <artifactId>hibernate-entitymanager</artifactId>
          <version>5.1.0.Final</version>
        </dependency>
        <dependency>
          <groupId>javax.servlet</groupId>
          <artifactId>servlet-api</artifactId>
          <version>2.5</version>
        </dependency>
        <dependency>
          <groupId>mysql</groupId>
          <artifactId>mysql-connector-java</artifactId>
          <version>5.1.38</version>
        </dependency>
        <dependency>
          <groupId>org.json</groupId>
          <artifactId>json</artifactId>
          <version>20160212</version>
        </dependency>
        <dependency>
          <groupId>com.fasterxml.jackson.core</groupId>
          <artifactId>jackson-core</artifactId>
          <version>2.7.2</version>
```

```
    </dependency>
    <dependency>
      <groupId>com.fasterxml.jackson.core</groupId>
      <artifactId>jackson-databind</artifactId>
      <version>2.7.2</version>
    </dependency>
    <dependency>
      <groupId>org.mybatis</groupId>
      <artifactId>mybatis</artifactId>
      <version>3.3.1</version>
    </dependency>
    <dependency>
      <groupId>org.mybatis</groupId>
      <artifactId>mybatis-spring</artifactId>
      <version>1.2.4</version>
    </dependency>
    <dependency>
      <groupId>org.apache.taglibs</groupId>
      <artifactId>taglibs-standard-impl</artifactId>
      <version>1.2.5</version>
    </dependency>
    <!--jstl-->
    <dependency>
      <groupId>org.apache.taglibs</groupId>
      <artifactId>taglibs-standard-spec</artifactId>
      <version>1.2.5</version>
    </dependency>
    <dependency>
          <groupId>org.slf4j</groupId>
          <artifactId>slf4j-nop</artifactId>
          <version>1.7.2</version>
      </dependency>
    <dependency>
      <groupId>junit</groupId>
      <artifactId>junit</artifactId>
      <version>4.12</version>
    </dependency>
    <!-- Spring MVC framework -->
    <dependency>
      <groupId>org.springframework.security</groupId>
      <artifactId>spring-security-taglibs</artifactId>
      <version>4.2.5.RELEASE</version>
    </dependency>
      <dependency>
         <groupId>org.apache.xbean</groupId>
         <artifactId>xbean-reflect</artifactId>
         <version>3.4</version>
      </dependency>
    <dependency>
      <groupId>com.google.collections</groupId>
      <artifactId>google-collections</artifactId>
      <version>1.0</version>
    </dependency>
  </dependencies>
  <build>
```

```
        <finalName>SSMTestProject</finalName>
    </build>
</project>
```

（二）项目的目录结构

SSMTestProject 项目的目录结构如图 8-4 所示。

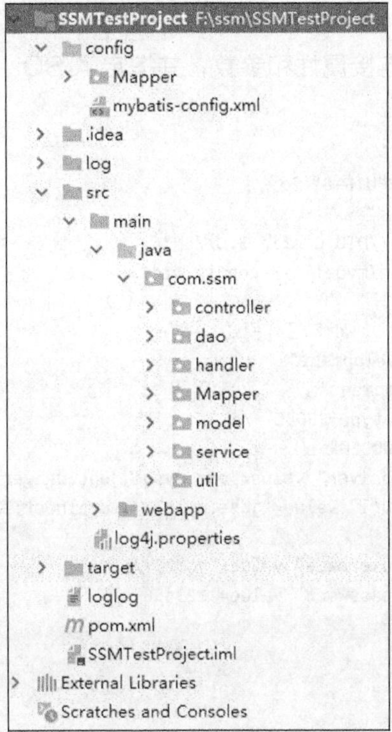

图 8-4

1. controller 包

系统的控制器类，即网络资源都放置在该包中对用户角色的权限控制，主要是对控制器类的访问控制。

2. mapper 包

mapper 包中存放的 Java 接口程序用于实现数据库的持久化操作。每个 mapper 的接口方法与 SQL 的映射文件的 ID 相同。

3. dao 包

dao 包是 mapper 层的外层，用于实现数据库的操作类，包中 daoImpl 类，通过实现 dao 接口，调用 mapper 接口的方法。

4. model 包

持久化类存放在此包中。

5. service 包

service 包用于存放后台相关业务层的接口，包中 serviceImpl 类，通过实现 service 接口，调用 dao 接口的方法来完成相关业务操作。

6. util 包

util 包中存放系统的工具类，拦截器 LoginInterceptor 类也放在该包中。

（三）配置文件管理

系统配置文件共分为 3 大类，即 Mybatis 的核心配置文件 mybatis-config.xml、Spring MVC 的核心配置文件 dispatcher-servlet.xml 及 Web 应用的配置文件 web.xml。

1. mybatis-config.xml

该配置文件配置了数据库连接属性和参数，并指定了 SQL 映射文件的位置，具体代码如【例 8-3】所示。

【例 8-3】

```
<?xml version="1.0" encoding="UTF-8" ?>
<!DOCTYPE configuration
      PUBLIC "-//mybatis.org//DTD Config 3.0//EN"
      "http://mybatis.org/dtd/mybatis-3-config.dtd">
<configuration>
   <!-- development:开发模式     work:工作模式 -->
   <environments default="development">
      <environment id="development">
         <transactionManager type="JDBC" />
         <dataSource type="POOLED">
            <property name="driver" value="com.mysql.jdbc.Driver" />
            <property name="url" value="jdbc:mysql://localhost:3306/test?characterEncoding=
utf-8&amp;useSSL=false" />
            <property name="username" value="root" />
            <property name="password" value="123456" />
         </dataSource>
      </environment>
   </environments>
   <mappers>
      <mapper resource="Mapper/UserMapper.xml" />
      <mapper resource="Mapper/ClassesMapper.xml" />
      <mapper resource="Mapper/StudentMapper.xml" />
   </mappers>
  <!--  <mappers>
      <mapper class="com.ssm.Mapper.UserMapper"/>
   </mappers>-->
</configuration>
```

2. dispatcher-servlet.xml

该配置文件配置了控制层的包扫描、静态资源处理、视图解析器等处理规则，具体代码如【例 8-4】所示。

【例 8-4】

```
 <?xml version="1.0" encoding="UTF-8"?>
<beans xmlns="http://www.springframework.org/schema/beans"
      xmlns:xsi="http://www.w3.org/2001/XMLSchema-instance"
      xmlns:context="http://www.springframework.org/schema/context"
      xmlns:mvc="http://www.springframework.org/schema/mvc"
      xsi:schemaLocation="http://www.springframework.org/schema/beans
      http://www.springframework.org/schema/beans/spring-beans.xsd
      http://www.springframework.org/schema/context
      http://www.springframework.org/schema/context/spring-context.xsd
```

```
        http://www.springframework.org/schema/mvc
        http://www.springframework.org/schema/mvc/spring-mvc.xsd">
    <!--指明 controller 所在包，并扫描其中的注解-->
    <context:component-scan base-package="com.ssm.controller"/>
    <!-- 静态资源(js、image 等)的访问 -->
    <mvc:default-servlet-handler/>
    <mvc:resources mapping="/static/" location="/static/"></mvc:resources>
    <!-- 开启注解 -->
    <mvc:annotation-driven/>
    <!-- 拦截器 -->
    <mvc:interceptors>
        <mvc:interceptor>
            <mvc:mapping path="/**" />
            <bean class="com.ssm.util.LoginInterceptor">
                <property name="excludedUrls">
                    <list>
                        <value>/tologin</value>
                        <value>/login</value>
                        <value>/static</value>
                    </list>
                </property>
            </bean>
        </mvc:interceptor>
    </mvc:interceptors>
    <!--ViewResolver 视图解析器-->
    <!--用于支持 Servlet、JSP 视图解析-->
  <bean id="jspViewResolver" class="org.springframework.web.servlet.view.
InternalResourceViewResolver">
         <property name="viewClass" value="org.springframework.web.servlet.view.JstlView"/>
        <property name="prefix" value="/WEB-INF/jsp/"/>
        <property name="suffix" value=".jsp"/>
  </bean>
  </beans>
```

3. web.xml

该配置文件设置了首页访问、Spring MVC 的 dispatcher（使 dispatcher-servlet.xml 生效）、编码过滤器及 encodingFilter 拦截所有请求等配置，具体代码如【例 8-5】所示。

【例 8-5】

```
  <!DOCTYPE web-app PUBLIC
   "-//Sun Microsystems, Inc.//DTD Web Application 2.3//EN"
   "http://java.sun.com/dtd/web-app_2_3.dtd" >
  <web-app xmlns="http://java.sun.com/xml/ns/javaee"
        xmlns:xsi="http://www.w3.org/2001/XMLSchema-instance"
        xsi:schemaLocation="http://java.sun.com/xml/ns/javaee
        http://java.sun.com/xml/ns/javaee/web-app_3_0.xsd"
        version="3.0">
    <display-name>SSMTestProject</display-name>
    <welcome-file-list>
      <welcome-file>tologin</welcome-file>
    </welcome-file-list>
    <servlet>
      <servlet-name>dispatcher</servlet-name>
      <servlet-class>org.springframework.web.servlet.DispatcherServlet</servlet-class>
      <load-on-startup>1</load-on-startup>
```

```
    </servlet>
    <servlet-mapping>
      <servlet-name>dispatcher</servlet-name>
      <url-pattern>/</url-pattern>
    </servlet-mapping>
    <!--配置编码过滤器-->
    <filter>
      <filter-name>encodingFilter</filter-name>    <filter-class>org.springframework.web.filter.
CharacterEncodingFilter</filter-class>
        <init-param>
          <param-name>encoding</param-name>
          <param-value>UTF-8</param-value>
        </init-param>
        <init-param>
          <param-name>forceEncoding</param-name>
          <param-value>true</param-value>
        </init-param>
    </filter>
    <!--拦截所有请求-->
    <filter-mapping>
      <filter-name>encodingFilter</filter-name>
      <url-pattern>/*</url-pattern>
    </filter-mapping>
  </web-app>
```

（四）JSP 页面管理

系统由后台管理和学生个人信息两个子系统组成，JSP 页面放置在根目录下的/webapp/WEB-INF/jsp 文件夹下，静态资源如 JavaScript、CSS 样式及图片资源放置在根目录下的/webapp/static 文件夹下，并在 dispatcher-servlet.xml 中设置静态资源的访问权限，代码如【例 8-6】所示。

【例 8-6】

```
<mvc:default-servlet-handler/>
<mvc:resources mapping="/static/" location="/static/"></mvc:resources>
```

在拦截器配置中设置放权资源为/static，实现代码如【例 8-7】所示。

【例 8-7】

```
<property name="excludedUrls">
            <list>
                <value>/static</value>
            </list>
 </property>
```

这样设置后，即可保证静态资源生效，而不会被拦截器拦截，达到页面渲染和页面动作的目的。

由于篇幅有限，本书仅附上 JSP 和 Java 文件核心代码，具体代码请读者参考本书配套资源中提供的源代码。

（五）学生信息后台管理子系统

系统管理员在浏览器的地址栏中输入 http://localhost:8080 并访问登录页面，登录成功后进入学生信息后台管理主页面（main.jsp）。main.jsp 的运行效果如图 8-5 所示。

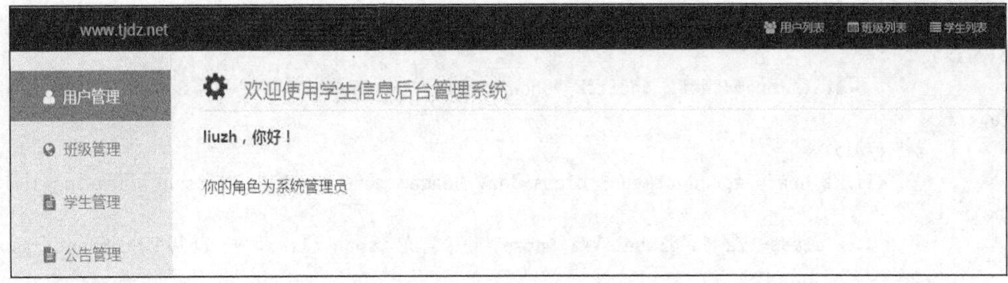

图 8-5

后台管理主页面（main.jsp）的核心代码如【例 8-8】所示。

【例 8-8】

```
<body>
<!-- 顶部菜单（来自 bootstrap 官方 Demon）===================================== -->
<nav class="navbar navbar-inverse navbar-fixed-top">
    <div class="container">
        <div class="navbar-header">
            <button type="button" class="navbar-toggle collapsed" data-toggle="collapse" data-target=
"#navbar" >
                <span class="sr-only">Toggle navigation</span>
                <span class="icon-bar"></span>
                <span class="icon-bar"></span>
                <span class="icon-bar"></span>
            </button>
            <a class="navbar-brand" href="index.jsp">www.tjdz.net</a>
        </div>
        <div id="navbar" class="navbar-collapse collapse">
            <ul class="nav navbar-nav navbar-right">
                <li><a href="###" onclick="showAtRight('userlist')"><i class="fa fa-users"></i> 用户列
表</a></li>
                <li><a href="###" onclick="showAtRight('classeslist')"><i class="fa fa-list-alt"></i>
班级列表</a></li>
                <li><a href="###" onclick="showAtRight('tostulist')" ><i class="fa fa-list"></i> 学生
列表</a></li>
            </ul>
        </div>
    </div>
</nav>
<!-- 左侧菜单选项========================================== -->
<div class="container-fluid">
    <div class="row-fluie">
        <div class="col-sm-3 col-md-2 sidebar">
            <ul class="nav nav-sidebar">
                <!-- 一级菜单 -->
                <li class="active"><a href="#userMeun" class="nav-header menu-first collapsed"
data-toggle="collapse">
                    <i class="fa fa-user"></i>  用户管理 <span class="sr-only">(current)
</span></a>
                </li>
                <!-- 二级菜单 -->
                <!-- 注意一级菜单中<a>标签内的 href="#……"里面的内容要与二级菜单中<ul>标签内的 id="……"里面
的内容一致 -->
                <ul id="userMeun" class="nav nav-list collapse menu-second">
```

```
                <li><a href="###" onclick="showAtRight('userlist')"><i class="fa fa-users"></i>用户
列表</a></li>
                <li><a href="###" onclick="showAtRight('toadduser')"><i class="fa fa-users"></i>添
加用户</a></li>
              </ul>
              <li><a href="#productMeun" class="nav-header menu-first collapsed" data-toggle=
"collapse">
                <i class="fa fa-globe"></i>  班级管理 <span class="sr-only">(current)</span>
</a>
              </li>
              <ul id="productMeun" class="nav nav-list collapse menu-second">
                <li><a href="###" onclick="showAtRight('classeslist')"><i class="fa fa-list-alt">
</i> 班级列表</a></li>
              </ul>
              <li><a href="#recordMeun" class="nav-header menu-first collapsed" data-toggle=
"collapse">
                <i class="fa fa-file-text"></i>  学生管理 <span class="sr-only">(current)
</span></a>
              </li>
              <ul id="recordMeun" class="nav nav-list collapse menu-second">
                <li><a href="###" onclick="showAtRight('tostulist')" ><i class="fa fa-list"></i> 学
生信息列表</a></li>
              </ul>
              <li><a href="#noticeMeun" class="nav-header menu-first collapsed" data-toggle=
"collapse">
                <i class="fa fa-file-text"></i>  公告管理 <span class="sr-only">(current)
</span></a>
              </li>
              <ul id="noticeMeun" class="nav nav-list collapse menu-second">
              <li><a href="###" onclick="showAtRight('tonotice')" ><i class="fa fa-list"></i> 公告浏
览</a></li>
              <li><a href="###" onclick="showAtRight('toaddnotice')"><i class="fa fa-users"></i>添加
公告</a></li>
            </ul>
          </ul>
        </div>
      </div>
    </div>
    <!-- 右侧内容展示==================================================   -->
    <div class="col-sm-9 col-sm-offset-3 col-md-10 col-md-offset-2 main">
      <h1 class="page-header"><i class="fa fa-cog fa-spin"></i><small>   欢迎使用学生信
息后台管理系统</small></h1>
      <!-- 载入左侧菜单指向的 jsp（或 html 等）页面内容 -->
      <div id="content">
        <h4>
          <strong>${user.username}，你好！</strong><br>
          <br><br>你的角色为系统管理员
        </h4>
      </div>
    </div>
    </body>
```

当然，页面中还有对静态资源的引用和 JS 文件，由于篇幅有限，没有全部展示，读者可参考本书配套资源中提供的源代码。

（六）学生个人信息子系统

学生用户在浏览器的地址栏中输入 http://localhost:8080 并访问登录页面，登录成功后进入学生个人信息主页面（studentmain.jsp）。studentmain.jsp 的运行效果如图 8-6 所示。

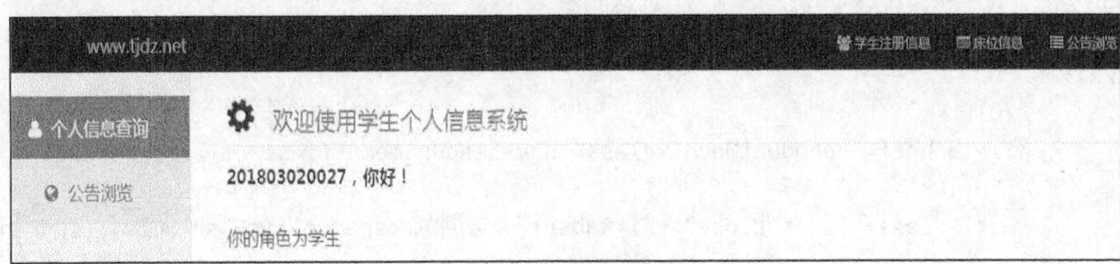

图 8-6

学生个人信息主页面 studentmain.jsp 的核心代码如【例 8-9】所示。

【例 8-9】

```
<body>
<!-- 顶部菜单（来自 bootstrap 官方 Demon）==================================== -->
<nav class="navbar navbar-inverse navbar-fixed-top">
    <div class="container">
        <div class="navbar-header">
            <button type="button" class="navbar-toggle collapsed" data-toggle="collapse" data-target=
"#navbar" >
                <span class="sr-only">Toggle navigation</span>
                <span class="icon-bar"></span>
                <span class="icon-bar"></span>
                <span class="icon-bar"></span>
            </button>
            <a class="navbar-brand" href="index.jsp">www.tjdz.net</a>
        </div>
        <div id="navbar" class="navbar-collapse collapse">
            <ul class="nav navbar-nav navbar-right">
                <li><a href="###" onclick="showAtRight('tostuinfo')"><i class="fa fa-users"></i> 学生
注册信息</a></li>
                <li><a href="###" onclick="showAtRight('tobunkinfo')"><i class="fa fa-list-alt"></i> 床
位信息</a></li>
                <li><a href="###" onclick="showAtRight('tonotice')" ><i class="fa fa-list"></i> 公告浏
览</a></li>
            </ul>
        </div>
    </div>
</nav>
<!-- 左侧菜单选项========================================== -->
<div class="container-fluid">
    <div class="row-fluie">
        <div class="col-sm-3 col-md-2 sidebar">
            <ul class="nav nav-sidebar">
                <!-- 一级菜单 -->
                <li class="active"><a href="#userMeun" class="nav-header menu-first collapsed"
data-toggle="collapse">
                    <i class="fa fa-user"></i>  个人信息查询 <span class="sr-only">
```

```
(current)</span></a>
                    </li>
                    <!-- 二级菜单 -->
                    <!-- 注意一级菜单中<a>标签内的 href="#……"里面的内容要与二级菜单中<ul>标签内的 id="……"里面的内容一致 -->
                    <ul id="userMeun" class="nav nav-list collapse menu-second">
                        <li><a href="###" onclick="showAtRight('tostuinfo')"><i class="fa fa-users"></i>注册信息</a></li>
                        <li><a href="###" onclick="showAtRight('tobunkinfo')"><i class="fa fa-users"></i>住宿信息</a></li>
                    </ul>
                    <li><a href="#productMeun" class="nav-header menu-first collapsed" data-toggle="collapse">
                        <i class="fa fa-globe"></i>  公告浏览 <span class="sr-only">(current)</span></a>
                    </li>
                    <ul id="productMeun" class="nav nav-list collapse menu-second">
                        <li><a href="###" onclick="showAtRight('tonotice')"><i class="fa fa-list-alt"></i>公告浏览</a></li>
                    </ul>
                </ul>
            </div>
        </div>
    </div>
    <!-- 右侧内容展示==================================================   -->
    <div class="col-sm-9 col-sm-offset-3 col-md-10 col-md-offset-2 main">
        <h1 class="page-header"><i class="fa fa-cog fa-spin"></i><small>   欢迎使用学生个人信息系统</small></h1>
        <!-- 载入左侧菜单指向的 jsp（或 html 等）页面内容 -->
        <div id="content">
            <h4>
                <strong>${user.username}，你好！</strong><br>
                <br><br>你的角色为学生
            </h4>
        </div>
    </div>
    </body>
```

任务四 组件设计

任务要求

本系统的组件包括用户角色登录权限验证、授权控制器、统一异常处理及工具类等。

任务实现

（一）前台用户登录验证

从系统分析得知，用户成功登录后，系统根据用户 ID 首先判断用户角色，根据用户角色分配相应的 JSP 页面并进行 UI 显示。因此，在 com.ssm.controller 包中创建了 MainController 控制类，该类引用了 service 层的 IUserService 接口的 UserServiceImpl 实现类的 findUserByUsernameAndPassword 方法，判断登录用户是否合法，再通过该登录用户的 getRole().getRid()方法获取到用户的角色 ID，最后判断用户应该访问哪个页面，系统管理员指向 main.jsp，学生用户指向 studentmain.jsp，否则抛出错误异常到前台 Login 页面。

Controller 层的登录方法 login 的实现代码如【例 8-10】所示。

【例 8-10】

```
@RequestMapping("/login")
   public ModelAndView login(HttpServletRequest request, User user){
      User current_user=service.findUserByUsernameAndPassword
(user.getUsername(),user.getPassword());
      if (current_user!=null){
         request.getSession().setAttribute("user",user);
         int roleid=current_user.getRole().getRid();
         if(roleid==1){                      //系统管理员
            return new ModelAndView("main");
         }else if(roleid==4){                //学生用户
            return new ModelAndView("studentmain");
         }else{
            return new ModelAndView("login","msg","用户角色错误");
         }
      }else{
         return new ModelAndView("login","msg","用户名或账户错误");
      }
   }
```

（二）拦截器 LoginInterceptor 实现登录用户对 controller 资源的拦截与授权

在 Spring MVC 框架中定义一个拦截器可以通过两种方式来实现：一种是通过实现 HandlerInterceptor 接口或继承 HandlerInterceptor 接口的实现类来定义；另一种是通过实现 WebRequestInterceptor 接口或继承 WebRequestInterceptor 接口的实现类来定义。本项目以实现 HandlerInterceptor 接口的定义方式自定义拦截器来实现对登录用户的资源拦截与授权。

微课:用拦截器实现用户授权

LoginInterceptor 类的实现代码如【例 8-11】所示。

【例 8-11】

```
package com.ssm.util;
import com.ssm.model.RoleController;
import com.ssm.model.User;
import com.ssm.service.IUserService;
import com.ssm.service.UserServiceImpl;
import org.springframework.web.servlet.HandlerInterceptor;
import org.springframework.web.servlet.ModelAndView;
import javax.servlet.http.HttpServletRequest;
import javax.servlet.http.HttpServletResponse;
import javax.servlet.http.HttpSession;
import java.util.List;
public class LoginInterceptor implements HandlerInterceptor {
   private IUserService service=new UserServiceImpl();
   private List<String> excludedUrls;
   @Override
```

```
        public boolean preHandle(HttpServletRequest httpServletRequest, HttpServletResponse
httpServletResponse, Object o) throws Exception {
            String requestUri = httpServletRequest.getRequestURI();
            for (String url : excludedUrls) {
                if (requestUri.contains(url)) {
                    return true;
                }
            }
            HttpSession session = httpServletRequest.getSession();
            User login = (User) session.getAttribute("user");
            if (login!= null ) {
                User current_user=service.findUserByUsernameAndPassword(login.getUsername(),
login.getPassword());
                int roleid=(int) service.findRoleIdByUserId(current_user.getUid());
                int controller_id=service.findControllerIdByController(requestUri.trim());
                if(controller_id==0){
                    httpServletRequest.setAttribute("msg","资源非法！");
                      httpServletRequest.getRequestDispatcher("/tologin").forward(httpServletRequest,
httpServletResponse);
                    return  false;
                }else{
      RoleController roleController= service.findControllerByRidAndController(roleid,controller_id);
                    if(roleController!=null){
                        return true;
                    }
                }
                httpServletRequest.setAttribute("msg","你没此权限！");
      httpServletRequest.getRequestDispatcher("/tologin").forward(httpServletRequest,httpServletResponse);
                return  false;
            }else{
                httpServletRequest.setAttribute("msg","还没登录，请先登录！");
                httpServletRequest.getRequestDispatcher("/tologin").forward(httpServletRequest,
httpServletResponse);
                return false;
            }
        }
        @Override
        public void postHandle(HttpServletRequest httpServletRequest, HttpServletResponse
httpServletResponse, Object o, ModelAndView modelAndView) throws Exception {
        }
        @Override
        public void afterCompletion(HttpServletRequest httpServletRequest, HttpServletResponse
httpServletResponse, Object o, Exception e) throws Exception {

        }
        public void setExcludedUrls(List<String> excludedUrls) {
            this.excludedUrls = excludedUrls;
        }
    }
```

在上述拦截器的定义中实现了 HandlerInterceptor 接口，并实现了接口中的 3 个方法。

（1）preHandle 方法：该方法在控制器的处理请求方法前执行，其返回值决定是否中断后续操作，返回 true 表示继续向下执行，返回 false 表示中断后续操作。为了达到验证授权的目的，我们对此方法进行改造，通过 HttpSession session = httpServletRequest.getSession()方法获取登录用户及用户角色 ID 即 roleid，再将 roleid 作为参数调用 IUserService 接口的 UserServiceImpl 实现类的 findControllerByRidAndController 方法，判断该登录角色是否拥有当前访问的 controller 资源的权限，如具有权限则正常访问，否则报出无权限异常，项目中无此 controller 资源则报出资源非法异常。

（2）postHandle 方法：该方法在控制器的处理请求方法调用之后、解析视图之前执行，可以通过此方法对请求域中的视图进行进一步修改。

（3）afterCompletion 方法：该方法在控制器的处理请求方法执行完成后，即视图渲染结束后执行，可以通过此方法实现一些资源清理、记录日志信息等工作。

（三）统一异常处理

在拦截器 LoginInterceptor 的自定义中我们已经对用户登录和授权进行了异常处理，还需对全局异常进行定义，以拦截各个组件抛出的异常，在 Spring MVC 的配置文件中使用<bean>元素将 GlobalExceptionHandler 托管，具体代码如【例 8-12】所示。

【例 8-12】

```
<bean class="com.ssm.handler.GlobalExceptionHandler"></bean>
```

然后我们定义一个 com.ssm.handler 包，在该包中定义 GlobalExceptionHandler 类，实现代码如【例 8-13】所示。

【例 8-13】

```
package com.ssm.handler;
import org.springframework.web.bind.annotation.ControllerAdvice;
import org.springframework.web.bind.annotation.ExceptionHandler;
import org.springframework.web.bind.annotation.ResponseBody;
import javax.servlet.http.HttpServletRequest;
import java.util.HashMap;
import java.util.Map;

@ControllerAdvice
public class GlobalExceptionHandler {
    @ExceptionHandler(value = Exception.class)
    @ResponseBody
    private Map<String,Object> exceptionHandler(HttpServletRequest req, Exception e){
        Map<String,Object> modelMap=new HashMap<String,Object>();
        modelMap.put("success",false);
        modelMap.put("errMsg",e.getMessage());
        return modelMap;
    }
}
```

（四）使用工具类创建 SqlSession

在项目七中登录功能实现的案例内 DaoImpl 实现类中，每个方法执行时都需要读取配置文件 "mybatis-config.xml"，并根据配置文件的信息构建 SqlsessionFactory 对象，然后创建 SqlSession 对象，这会导致出现大量重复代码。为了简化开发，我们可以将上述重复代码封装到一个工具类中，然后通过工具类来创建 Sqlsession 对象。我们在 com.ssm.util 包中创建 MybatisUtils 类，如例 8-14 所示。

【例 8-14】

```
package com.ssm.util;

import org.apache.ibatis.io.Resources;
import org.apache.ibatis.session.SqlSession;
import org.apache.ibatis.session.SqlSessionFactory;
import org.apache.ibatis.session.SqlSessionFactoryBuilder;
import java.io.IOException;
import java.io.Reader;

public class MyBatisUtil {
    //sqlSessionFactory 对象名用 final 修饰，指明该对象创建后不能改变
    private final static SqlSessionFactory sqlSessionFactory;
    static {
        String resource = "mybatis-config.xml";
        Reader reader = null;
        try {
            //使用 MyBatis 提供的 Resources 类加载 MyBatis 配置文件
            reader = Resources.getResourceAsReader(resource);
        } catch (IOException e) {
e.printStackTrace();
        }
        //构建 SqlSessionFactory 工厂
sqlSessionFactory=new SqlSessionFactoryBuilder().build(reader);
    }
    //获取 SqlSession 对象的静态方法
    public static SqlSessionget SqlSession() {
        return sqlSessionFactory.openSession();
    }
}
```

这样，在使用时就只需创建了一个 SqlSessionFactory 对象，对象名用 final 修饰后可以防止被更改，以保证该工具类的线程安全，并且可以通过工具类的 getSqlSession()方法，来获取 SqlSession 对象。

任务五 学生信息后台管理系统

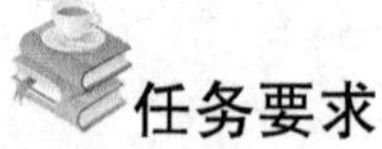

任务要求

学生信息后台管理系统主要由用户管理、班级管理、学生管理和公告管理 4 个模块组成。

任务实现

（一）用户管理

用户管理分为用户列表显示和添加用户两类功能项，而用户列表中又可以对某个用户进行删除和修改。用户管理在主页面（main.jsp）的左侧导航栏中进行显示，以方便管理员用户操作。“用户列表”和“添加用户”页面分别如图 8-7 和图 8-8 所示。

www.tjdz.net 用户列表 班级列表 学生列表

用户管理 用户列表 添加用户 班级管理 学生管理 公告管理

欢迎使用学生信息后台管理系统

用户列表

ID	用户名	密码	角色	操作	
1	liuzh	1	系统管理员	删除	修改
36	whq	1	系部教务员	删除	修改
46	gjl	1	系部宿管员	删除	修改
62	201401080153	1	学生	删除	修改
63	201402020284	1	学生	删除	修改
64	201803020029	1	学生	删除	修改
65	201803020027	1	学生	删除	修改

图 8-7

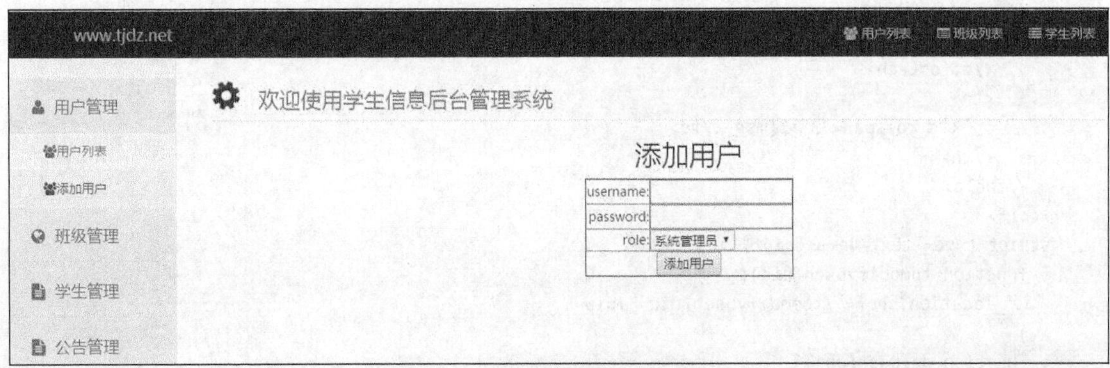

图 8-8

1. 用户列表的功能实现

（1）用户列表的视图 userlist.jsp 实现。

用户列表的视图即显示所有用户信息，包括用户 ID、用户名、用户密码、用户角色等，alluser 变量就是后台的 Controller 控制类的方法传过来的值，另外还可以对每个用户进行修改和删除操作，即每条数据后都有“删除”和“修改”按钮，通过传递 user.uid 即用户 ID，利用 JS 脚本文件对本条数据进行修改或删除，其中删除功能使用了 Ajax 技术，修改功能利用 location.href 跳转到修改用户的 url：/tomodifyuser。

userlist.jsp 的具体实现代码如【例 8-15】所示。

【例 8-15】

```
<%@ page contentType="text/html;charset=UTF-8" language="java" %>
<%@ taglib prefix="c" uri="http://java.sun.com/jsp/jstl/core" %>
<html>
<head>
    <title>用户列表</title>
</head>
<body >
<br/>
<c:if test="${alluser.size()!=0}">
    <table id="tbitem" border="1" bgcolor="#f0f8ff" align="center" valign="center">
```

```
        <caption>用户列表</caption>
        <tr>
            <th width="100px">ID</th>
            <th width="200px">用户名</th>
            <th width="200px">密码</th>
            <th width="200px">角色</th>
            <th width="100px">操作</th>
        </tr>
        <c:forEach items="${alluser}" var="user">
            <tr>
                <td>${user.uid}</td>
                <td>${user.username}</td>
                <td>${user.password}</td>
                <td>${user.role.rname}</td>
                <td colspan="4">
              <input type="button" value="删除" onclick="deluser(${user.uid})" />
              <input type="button" value="修改" onclick="tomodifyuser(${user.uid})" />
                </td>
            </tr>
        </c:forEach>
        <tr>
            <td colspan="3">${msg}</td>
        </tr>
    </table>
</c:if>
<script type="text/javascript" >
    function tomodifyuser(uid){
        location.href="/tomodifyuser?uid="+uid
    }
    function deluser(obj){
        if(confirm("你确定要删除编号是"+obj+"的信息吗?")){
            alert(obj);
            $.ajax({
                async:true, //异步请求
                type:"POST",
                url:"/deleteuser",
                dataType:"json",
                data:{
                    "userId":obj
                },
               success:function (rel) {
                    if(rel.success){
                        alert("删除数据成功");
                        window.location.reload();    //页面刷新
                    }else{
                        alert("删除数据失败");
                    }
               }
            })
        }
    }
</script>
<script src="http://libs.baidu.com/jquery/1.11.1/jquery.min.js"></script>
<script src="http://cdn.staticfile.org/modernizr/2.8.3/modernizr.js"></script>
</body>
```

```
</html>
```

（2）用户列表的 Controller 实现。

在 com.ssm.controller 包中新建一个 MainController 类，首先在类中添加属性，指明要调用底层的接口对象及实现类。实现代码如【例 8-16】所示。

【例 8-16】

```
private IUserService service=new UserServiceImpl();
```

然后，在该类中添加 public ModelAndView userList(Model model)方法，在该方法中加上 @RequestMapping(value="/userlist",method = RequestMethod.GET)注解，指明该方法用来处理映射的请求地址为"/userlist"，请求的 method 类型为 GET。参数 model 的 addAttribute 方法可将后台传来的数据加载到 ModelAndView 上，而 new ModelAndView 方法可以创建一个带有模型数据的 userlist.jsp 页面对象，作为该方法的返回值抛到前台。@ResponseBody 注解的作用其实是将 java 对象转为 json 格式的数据。具体实现代码如【例 8-17】所示。

【例 8-17】

```
@RequestMapping(value="/userlist",method=RequestMethod.GET)
@ResponseBody
 public ModelAndView userList(Model model){
    model.addAttribute("alluser",service.getAllUsers());
    return new ModelAndView("userlist") ;
}
```

（3）用户列表的 Service 层实现。

在 com.ssm.service 包中新建 IUserService 接口，在接口中声明 public List<User> getAllUsers()方法，再新建 UserServiceImpl 类，实现 IUserService 接口的 getAllUsers 方法。IUserService 接口代码如【例 8-18】所示。

【例 8-18】

```
package com.ssm.service;
import com.ssm.model.User;
import java.util.List;

public interface IUserService {
   public List<User> getAllUsers();
   }
```

UserServiceImpl 类代码如【例 8-19】所示。

【例 8-19】

```
package com.ssm.service;
import com.ssm.dao.IUserDao;
import com.ssm.dao.UserDaoImpl;
import com.ssm.model.User;
import org.springframework.stereotype.Service;
import java.util.List;
@Service
public class UserServiceImpl implements IUserService{
private IUserDao userDao;
   public UserServiceImpl() {
       userDao=new UserDaoImpl();
   }
@Override
public List<User> getAllUsers() {
return userDao.getAllUsers();
```

```
    }
}
```

注意：UserServiceImpl 类中的构造方法是 userDao 接口对象要引用该接口的 UserDaoImpl 实现类的实例对象，加上@Service 注解，指明该类将自动注册到 Spring 容器中，由 Spring 进行管理。

（4）用户列表的 Dao 层实现。

在 com.ssm.dao 包中新建 IUserDao 接口，在接口中声明 public List<User> getAllUsers() 方法，再新建 UserDaoImpl 类，实现 IUserDao 接口。IUserDao 接口代码如【例 8-20】所示。

【例 8-20】

```
package com.ssm.dao;
import com.ssm.model.User;
import java.util.List;
public interface IUserDao {
    public List<User> getAllUsers();
}
```

UserDaoImpl 类代码如【例 8-21】所示。

【例 8-21】

```
package com.ssm.dao;
import com.ssm.model.NoticeTable;
import com.ssm.model.Role;
import com.ssm.model.RoleController;
import com.ssm.util.MyBatisUtil;
import org.apache.ibatis.session.SqlSession;
import java.io.IOException;
import java.io.Reader;
import java.util.List;
import com.ssm.Mapper.UserMapper;
import com.ssm.model.User;
import org.springframework.stereotype.Repository;

@Repository
public class UserDaoImpl implements IUserDao {
   @Override
public List<User>getAllUsers() {
SqlSessionsqlSession=MyBatisUtil.getSqlSession();
   try {
UserMapperuserMapper=sqlSession.getMapper(UserMapper.class);
         return userMapper.getAllUsers();
   } finally {
sqlSession.close();
   }
}
}
      }
   }
@Override
public List<User> getAllUsers() {
   return mapper.getAllUsers();
   }
}
```

UserDaoImpl 类中的 getAllUsers()方法中通过调用静态方法 MyBatisUtil.getSqlSession()，

开启了一次数据库会话 sqlSession，UserMapperuserMapper = sqlSession.getMapper-(UserMapper.class)指明将 UserMapper 接口纳入 sqlSession 管理，然后我们就可以在实际方法中调用 userMapper 对象的各种方法了，注意需要在 finally 语句块中将 sqlSession 关闭。

（5）用户列表的 Mapper 层实现。

在 com.ssm.Mapper 包中新建 UserMapper 接口，在接口中声明 public List<User> getAllUsers() 方法，在项目根目录下新建 Mapper 包，在包中新建 UserMapper.xml 配置文件。其中，Mapper 包需要设定为项目资源，否则 MyBatis 扫描不到该文件。注意，UserMapper 接口的方法名要和 UserMapper.xml 中的映射文件 ID 一致。UserMapper 接口代码如【例 8-22】所示。

【例 8-22】

```
import com.ssm.model.User;
import java.util.List;
public interface UserMapper {
// @Select("select * from user")
    List<User> getAllUsers();
}
```

UserMapper.xml 代码如【例 8-23】所示。

【例 8-23】

```
<?xml version="1.0" encoding="UTF-8" ?>
<!DOCTYPE mapper
        PUBLIC "-//mybatis.org//DTD Mapper 3.0//EN"
        "http://mybatis.org/dtd/mybatis-3-mapper.dtd">
<mapper namespace="com.ssm.Mapper.UserMapper">
      <resultMap type="com.ssm.model.User" id="userResult">
         <id property="uid" column="uid" />
         <result property="username" column="username" />
         <result property="password" column="password" />
         <association column="rid" property="role" javaType="com.ssm.model.Role" resultMap=
"roleResult"></association>
     </resultMap>
    <select id="getAllUsers" resultMap="userResult">
        select u.uid,u.username,u.password,u.rid,r.rname from user u left join role r on u.rid=r.rid
   </select>
</mapper>
```

至此，我们对用户列表功能的设计从前端到 controoller、service、dao、mapper 各个组件层，最后到对数据库操作的 SQL 的 xml 配置做了比较详细的介绍。以后讲解的其他功能模块的开发流程与此基本上是一样的，所以其他模块的讲解会简略一些，特此说明。

2. 添加用户的功能实现

（1）添加用户的视图 adduser.jsp 实现。

添加用户的视图即在视图中让管理员添加用户名、用户密码和用户角色，用户 ID 是自增主键，不需要添加。adduser.jsp 视图中使用了 form 表单，其中 modelAttribute="user"指明传递到后台 Controller 的参数是 user 对象，action="adduser"说明调用的 url 是/adduser。另外，对用户的角色添加使用了下拉列表 option 控件，数据源是从后台获取的角色列表，目的是防止在添加用户时角色数据的非法录入。

adduser.jsp 的具体实现代码如【例 8-24】所示。

【例 8-24】

```
<%@ page import="com.ssm.model.Role" %>
```

```
<%@ page import="java.util.ArrayList" %>
<%@ page import="java.util.List" %>
<%@ page language="java" contentType="text/html; charset=UTF-8" pageEncoding="UTF-8"%>
<html>
<body>
<h2 align="center" border="2">添加用户</h2>
<form method="post" modelAttribute="user" action="adduser">
    <table align="center" border="1">
        <tr align="center">
            <td align="right">username:</td>
            <td align="left"><input type="text" name="username" /></td>
        </tr>
        <tr align="center">
            <td align="right">password:</td>
            <td align="left"><input type="password" name="password" /></td>
        </tr>
        <tr align="center">
            <td align="right"> role:</td>
            <td align="left">
                <select name="role.rid" >
                    <%
                        List<Role> is=(ArrayList<Role>)request.getAttribute("allrole");
                        for(Role role:is)
                        {
                          %><option value="<%=role.getRid()%>"><%=role.getRname()%></option><%
                        }
                    %>
                </select>
            </td>
        </tr>
        <tr align="center">
            <td colspan="2"><input type="submit" value="添加用户" /></td>
        </tr>
    </table>
</form>
</body>
</html>
```

（2）添加用户的 Controller 实现。

可在 com.ssm.controller 包的 MainController 类中添加两个 Controller 方法：public ModelAndView toAdduser(Model model)方法和 public ModelAndView addUser(HttpServlet Request request,User user)方法。第一个方法是在用户单击“添加用户”菜单时触发；第二个方法是用户在视图 adduser.jsp 完成输入后提交时触发。toAdduser 方法中通过 service.getAllRoles() 方法把角色列表数据加载到视图中。toAdduser 方法具体代码如【例 8-25】所示，addUser 方法具体代码如【例 8-26】所示。

【例 8-25】

```
@RequestMapping("/toadduser")
   public ModelAndView toAdduser(Model model){
       model.addAttribute("allrole",service.getAllRoles());
       return new ModelAndView("adduser") ;
   }
```

【例 8-26】

```
@RequestMapping(value="/adduser",method=RequestMethod.POST)
   @ResponseBody
   public ModelAndView addUser(HttpServletRequest request,User user){
         if(service.addUser(user)){
            return new ModelAndView("redirect:/tomain") ;
         }else{
            return new ModelAndView("redirect:/adduser","msg","用户名或账户错误");
         }
   }
```

（3）添加用户的 Service 层实现。

在 com.ssm.service 包中的 IUserService 接口中声明 public boolean addUser(User user) 方法，再在 UserServiceImpl 类中实现 IUserService 接口的 addUser 方法。

IUserService 接口代码如【例 8-27】所示。

【例 8-27】

```
public boolean addUser(User user);
```

UserServiceImpl 类代码如【例 8-28】所示。

【例 8-28】

```
   @Override
public boolean addUser(User user){
   return   userDao.addUser(user);
  }
```

（4）添加用户的 Dao 层实现。

在 com.ssm.dao 包的 IUserDao 接口中声明 public boolean addUser(User user)方法，再在 UserDaoImpl 类中实现 IUserDao 接口的 addUser 方法。

IUserDao 接口代码如【例 8-29】所示。

【例 8-29】

```
public boolean addUser(User user);
```

UserDaoImpl 类代码如【例 8-30】所示。

【例 8-30】

```
@Override
publicbooleanaddUser(User user) {
SqlSessionsqlSession=MyBatisUtil.getSqlSession();
   try {
UserMapperuserMapper=sqlSession.getMapper(UserMapper.class);
userMapper.addUser(user);
sqlSession.commit();         //这里一定要提交，不然数据不能插入数据库中
      return true;
   } catch (Exception e) {
sqlSession.rollback();
      return false;
   } finally {
sqlSession.close();
   }
}
```

需要强调的是，添加用户涉及对数据库的增加数据操作，在 mybatis-config.xml 配置文件中我们定义了<transactionManager type="JDBC" />，也就是使用 JDBC 的事务管理机制，指明类中的增、删、改操作方法纳入 JDBC 的事务管理，所以方法中必须对事物进行提交，否则增、删、

改操作数据库无效，如有异常则进行事务回滚。

（5）添加用户的 Mapper 层实现。

在 com.ssm.Mapper 包的 UserMapper 接口中声明 public boolean addUser(User user) 方法，在 Mapper 包中的 UserMapper.xml 文件中添加 xml 映射"addUser"，注意接口方法参数和 xml 中的 parameterType 类型要一致。UserMapper 接口代码如【例 8-31】所示。

【例 8-31】

```
public boolean addUser(User user)
```

UserMapper.xml 代码如【例 8-32】所示。

【例 8-32】

```
<insert id="addUser" parameterType="com.ssm.model.User">
   insert into user(username,password,rid) values(#{username},#{password},#{role.rid})
</insert>
```

（二）班级管理

单击主页面 main.jsp 中的“班级管理”菜单项，即可进入班级浏览页面 classeslist.jsp。该功能主要是从后台查询出班级数据列表，并通过 ModelAndView 将其传输到前台显示，具体实现可参考本书源代码。“班级列表”页面效果如图 8-9 所示。

班级ID	班级名称	当前所在级	是否毕业	系部ID	系部名称	专业ID	专业名称
459	通信本15-1	2015	false	6	电子与通信技术系	06007	电子信息工程（通信技术方向）
463	网络S16-1	2016	false	6	电子与通信技术系	11001	计算机网络技术
464	网络S16-2	2016	false	6	电子与通信技术系	11001	计算机网络技术
465	网络S16-3	2016	false	6	电子与通信技术系	11001	计算机网络技术
466	网络S16-4	2016	false	6	电子与通信技术系	11001	计算机网络技术

图 8-9

（三）学生管理

单击主页面 main.jsp 中的“学生管理”菜单项，即可进入学生查询页面 studentlist.jsp，运行效果如图 8-10 和图 8-11 所示。

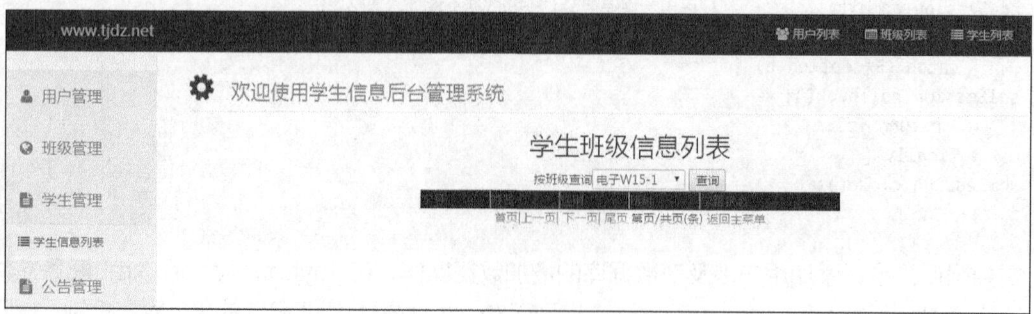

图 8-10

学生班级信息列表

按班级查询 会计S18-4 ▼ 查询

学号	姓名	性别	班级	学籍状态
201803020209	曹金池	男	会计S18-4	注册学籍
201803020210	任煜	男	会计S18-4	注册学籍
201803020211	潘宇航	男	会计S18-4	注册学籍
201803020212	苏永健	男	会计S18-4	注册学籍
201803020213	颜廷洲	男	会计S18-4	注册学籍
201803020214	董贞达	男	会计S18-4	注册学籍
201803020215	陈定邦	男	会计S18-4	注册学籍
201803020216	牛春苗	女	会计S18-4	注册学籍
201803020217	潘静	女	会计S18-4	注册学籍
201803020218	张倩倩	女	会计S18-4	注册学籍

首页 | 上一页 | 1 2 3 4 5 下一页 | 尾页 第1页/共5页(47条) 返回主菜单

图 8-11

按班级查询学生信息使用了分页查询技术。分页查询技术是一种将所有数据分段展示给用户的技术，用户每次看到的不是全部数据，而是其中的一部分，可以通过制定页码或翻页的方式转换可见内容，直到找到自己想要的内容为止，其实这和我们阅读书籍的过程很类似。

1. 按班级查询学生信息的分页功能实现

按班级查询学生信息 studentlist.jsp 页面的具体实现代码如【例 8-33】所示。

微课：分页查询学生列表的演示

【例 8-33】

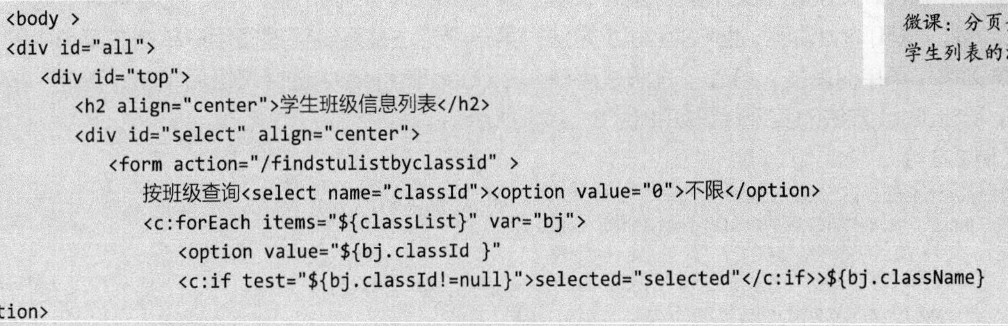

```
<body >
<div id="all">
    <div id="top">
        <h2 align="center">学生班级信息列表</h2>
        <div id="select" align="center">
            <form action="/findstulistbyclassid" >
                按班级查询<select name="classId"><option value="0">不限</option>
                <c:forEach items="${classList}" var="bj">
                    <option value="${bj.classId }"
                    <c:if test="${bj.classId!=null}">selected="selected"</c:if>>${bj.className}
</option>
                </c:forEach>
            </select>
                <input type="submit"  value="查询"  />
            </form>
        </div>
        <div id="table">
            <table width="500" border="1" align="center" valign="center">
                <tr>
                    <th>学号</th>
                    <th>姓名</th>
                    <th>性别</th>
                    <th>班级</th>
                    <th>学籍状态</th>
                </tr>
                <c:forEach items="${stuIndexList}" var="stu">
                    <tr>
                        <td>${stu.studentId }</td>
                        <td>${stu.studentName}</td>
```

```
                    <td>${stu.sex}</td>
                    <td>${stu.classes.className }</td>
                    <td>${stu.studentState}</td>
                </tr>
            </c:forEach>
        </table>
        <!-- 分页页码部分 -->
        <div id="page" align="center">
        <a href="findstulistbyclassid?classId=${classid}&pageIndex=1">首页</a>|<a
href="findstulistbyclassid?classId=${classid}&pageIndex=${pageIndex-1}">上一页</a>|
            <c:forEach items="${pageArray }" varStatus="i">
                <a                  href="findstulistbyclassid?classId=${classid }
&pageIndex=${i.index+1 }">${i.index+1}
                </a> 
            </c:forEach>
            <a href="findstulistbyclassid?classId=${classid }&pageIndex=${pageIndex+1}">下一页</a>|
            <a href="findstulistbyclassid?classId=${classid }&pageIndex=${totalPage}">尾页</a>
            第${pageIndex }页/共${totalPage }页(${total }条)
            <a href="/tomain">返回主菜单</a>
        </div>
    </div>
  </div>
</div>
 </body>
```

2. 按班级查询学生信息的 Controller 实现

首先，在 com.ssm.controller 包中新建 StudentController 控制类，在类中新建两个方法 toStuList 方法和 findStuListByClassId 方法：第一个方法是系统管理员用户单击主菜单中的“学生信息列表”菜单时触发；第二个方法是用户在 studentlist.jsp 中选择班级后单击“查询”按钮时触发。toStuList 方法的实现代码如【例 8-34】所示。

【例 8-34】

```
@RequestMapping("/tostulist")
    public ModelAndView toStuList(Model model){
        // 查找所有班级信息
        List<Classes> classList = classesService.getAllClasses();
        model.addAttribute("classList", classList);
             return new ModelAndView("studentlist") ;
    }
```

findStuListByClassId 方法的实现代码如【例 8-35】所示。

【例 8-35】

```
@RequestMapping(value="/findstulistbyclassid",method = RequestMethod.GET)
    @ResponseBody
    public ModelAndView findStuListByClassId(Integer classId,
                    @RequestParam(defaultValue = "1") Integer pageIndex, Model model){
        // 查找所有班级信息
        List<Classes> classList = classesService.getAllClasses();
        model.addAttribute("classList", classList);
        int totalPage = 0;//设置总页数为 0
        // 查找对应信息的数量
        int total = studentService.findStuCountByClassId(classId);
        // 此数组用于显示具体页数，便于用户跳转
        int[] pageArray = null;
```

```
        if (total > 0) { // 当存在数据时才分页查找
            // 计算总页数，利用三元表达式进行计算
            totalPage =(total % pageSize == 0) ? (total / pageSize): (total / pageSize + 1);
            // 页码控制
            if (pageIndex < 1) {// 当前页数不能小于最小页数
                pageIndex = 1;
            } else if (pageIndex > totalPage) { // 当前页数不能大于最大页数
                pageIndex = totalPage;
            }
            // 调用查找全部信息方法
    List<Student> stuIndexList= studentService.findStuListByClassId(classId,(pageIndex - 1)*
pageSize,pageSize);
            model.addAttribute("stuIndexList", stuIndexList);
            // 定义数组的长度和总页数一样
            pageArray = new int[totalPage];
            // 保存一系列参数
            model.addAttribute("totalPage", totalPage);
            model.addAttribute("pageIndex", pageIndex);
            model.addAttribute("classid", classId);
            model.addAttribute("pageArray", pageArray);
            model.addAttribute("total", total);
        }
        return new ModelAndView("studentlist") ;
    }
```

该控制类调用了 Service 层和 Dao 层的诸多方法，如 getAllClasses()、findStuCountByClassId 和 findStuListByClassId 方法等，但分页查询技术的主要方法是由 findStuListByClassId 方法实现的。

3. Service 层的 findStuListByClassId 方法的实现

IStudentService 接口代码如【例 8-36】所示。

【例 8-36】

```
/**
     * 根据班级 ID 模糊分页查询学生信息
     *
     * @param classID
     *            班级 ID
     * @param startQuery
     *            从第几条开始查询
     * @param pageSize
     *            每页显示信息条数
     * @return
     */
    List<Student> findStuListByClassId(Integer classId, Integer startQuery, Integer pageSize);
```

StudentServiceImpl 类代码如【例 8-37】所示。

【例 8-37】

```
@Override
    public List<Student> findStuListByClassId(Integer classId, Integer startQuery, Integer pageSize) {
        return studentDao.findStuListByClassId(classId, startQuery, pageSize);
    }
```

4. Dao 层 findStuListByClassId 方法的实现

IStudentDao 接口代码如【例 8-38】所示。

【例 8-38】

```
List<Student> findStuListByClassId(Integer classId,Integer startQuery,Integer pageSize);
```

StudentDaoImpl 类代码如【例 8-39】所示。

【例 8-39】

```
/**
 * 根据班级 Id 模糊分页查询学生信息
 * @paramclassId 班级 Id
 * @paramstartQuery 从第几条开始查询
 * @parampageSize 每页显示信息条数
 * @return
 */
@Override
public List<Student>findStuListByClassId(Integer classId, Integer startQuery, Integer pageSize) {
SqlSessionsqlSession = MyBatisUtil.getSqlSession();
    try {
StudentMapperstudentMapper = sqlSession.getMapper(StudentMapper.class);
        return studentMapper.findStuListByClassId(classId,startQuery,pageSize);
    } finally {
sqlSession.close();
    }
}
```

5. Mapper 层的 findStuListByClassId 方法的实现

StudentMapper 接口代码如【例 8-40】所示。

【例 8-40】

```
List<Student> findStuListByClassId(@Param("classId") Integer classId,
                                   @Param("startQuery") Integer startQuery,
                                   @Param("pageSize") Integer pageSize);
```

StudentMapper.xml 代码如【例 8-41】所示。

【例 8-41】

```
<?xml version="1.0" encoding="UTF-8" ?>
<!DOCTYPE mapper
      PUBLIC "-//mybatis.org//DTD Mapper 3.0//EN"
      "http://mybatis.org/dtd/mybatis-3-mapper.dtd">
<mapper namespace="com.ssm.Mapper.StudentMapper">
    <resultMap type="com.ssm.model.Classes"
             id="classesResult">
        <id column="class_id" property="classId" />
        <result property="className" column="class_name" />
        <result property="grade" column="grade" />
        <result property="isGraduated" column="is_graduated" />
        <result property="departmentCode" column="department_code" />
        <result property="department" column="department" />
        <result property="majoyCode" column="majoy_code" />
        <result property="majoy" column="majoy" />
    </resultMap>
    <resultMap type="com.ssm.model.Student"   id="studentResult">
        <id column="student_id" property="studentId" />
        <result property="studentName" column="student_name" />
        <result property="sex" column="sex" />
        <result property="studentState" column="student_state" />
      <association column="class_id" property="classes" javaType="com.ssm.model.Classes" resultMap=
"classesResult"></association>
```

```
    </resultMap>
  <!-- 根据班级 Id 分页查询学生信息 -->
    <select id="findStuListByClassId" resultMap="studentResult">
      SELECT s.student_id,s.student_name,s.sex,s.class_id,s.student_state,c.*
      FROM student s left join class c on s.class_id=c.class_id
      where s.class_id=#{classId}
      limit #{startQuery},#{pageSize}
    </select>
</mapper>
```

在 xml 配置文件中使用了 SQL 语句的 limit 关键字实现分页，SQL 语句接收前台传来的 classId、startQuery 和 pageSize 参数，完成分页查询。

（四）公告管理

公告管理对网站设计来说是必不可少的，能起到通知和宣传的作用。本项目管理员用户有添加公告、删除公告和修改公告的权限，而学生用户只有查看公告的权限。

管理员单击“公告浏览”菜单项弹出“公告列表”页面，如图 8-12 所示。

ID	标题	公告时间	操作
5	关于2019级图像采集的通知	Sat Aug 10 19:25:17 CST 2019	详情 删除 修改
1	关于在校生20182019年度第一学期注册的通知	Wed Jul 31 13:20:59 CST 2019	详情 删除 修改

图 8-12

管理员单击“添加公告”菜单项弹出“添加公告”页面，如图 8-13 所示。

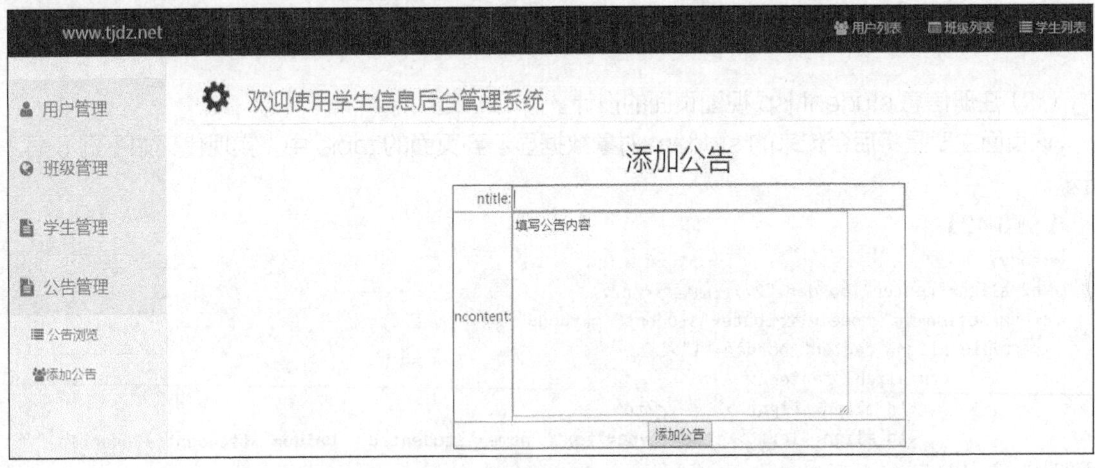

图 8-13

公告列表的实现方法与用户列表基本一致，添加公告与添加用户的方法基本一致，这里不再赘述。公告列表的具体设计细节参考任务六学生个人信息系统内容。

任务六 学生个人信息系统

任务要求

学生个人信息系统主要由注册信息、住宿信息和公告浏览 3 个模块组成。

任务实现

（一）个人信息查询

个人信息查询分为注册信息和住宿信息两个模块。注册信息向学生显示其本人的学号、系别、班级和学籍状态等信息，而住宿信息向学生显示宿舍信息，包括楼号、宿舍号和床位号等信息。

1. 注册信息

单击导航栏中的“个人信息查询”菜单中的“注册信息”子菜单，就会弹出学生的“注册信息”界面，界面效果如图 8-14 所示。

www.tjdz.net　学生注册信息　床位信息　公告浏览

个人信息查询　注册信息　住宿信息　公告浏览

欢迎使用学生个人信息系统

注册信息

学号：	201803020027
姓名：	呼雪美
性别：	女
系别：	经济与管理系
班级：	会计E18-1
专业：	会计
学籍状态：	注册学籍

图 8-14

（1）注册信息 student.jsp 视图页面的设计。

该页面主要是将后台传来的 student 对象数据显示到页面的 table 中，实现代码如【例 8-42】所示。

【例 8-42】

```
<body>
<h2 align="center" border="2">注册信息</h2>
<form action="#" modelAttribute="student" method="">
   <table align="center" border="1">
          <tr align="center">
             <td align="right">学号：</td>
             <td align="left"><input type="text" name="studentId"  value="${student.studentId}"
readonly /></td>
          </tr>
```

```
            <tr align="center">
               <td align="right">姓名: </td>
               <td align="left"><input type="text" name="studentName" value="${student.studentName}"
readonly /></td>
            </tr>
            <tr align="center">
               <td align="right">性别: </td>
               <td align="left"><input type="text" name="sex" value="${student.sex}"readonly/></td>
            </tr>
            <tr align="center">
               <td align="right">系别: </td>
               <td align="left"><input type="text" name="department" value="${student.classes.
department}"readonly/></td>
            </tr>
            <tr align="center">
               <td align="right">班级: </td>
               <td align="left"><input type="text" name="className" value="${student.classes.
className}"readonly/></td>
            </tr>
            <tr align="center">
               <td align="right">专业: </td>
               <td align="left"><input type="text" name="majoy" value="${student.classes.
majoy}"readonly/></td>
            </tr>
            <tr align="center">
               <td align="right">学籍状态: </td>
               <td align="left"><input type="text" name="studentState" value="${student.studentState}"
readonly/></td>
            </tr>
         </table>
      </form>
   </body>
```

（2）注册信息 controller 层的实现，具体代码如【例 8-43】所示。

【例 8-43】

```
   @RequestMapping("/tostuinfo")
    public ModelAndView toStuInfo(HttpServletRequest httpServletRequest, HttpServletResponse
httpServletResponse,Model model){
        // 获取用户信息
        HttpSession session = httpServletRequest.getSession();
        User login = (User) session.getAttribute("user");
        Student stu=studentService.findStuInfoById(login.getUsername().trim());
        model.addAttribute("student",stu);
        return new ModelAndView("student") ;
   }
```

学生用户以学号为用户名，而学号又是学生表的主键，所以我们从 session 中获取用户名即学号，然后通过 findStuInfoById 方法从后台组件中把该学生的 student 对象获取过来，再通过 model.addAttribute("student",stu)方法把对象输出给前台显示。

（3）注册信息 service 层的 findStuInfoById 方法实现。

IStudentService 接口代码如【例 8-44】所示。

【例 8-44】

```
   Student findStuInfoById(String stuId);
```

StudentServiceImpl 类代码如【例 8-45】所示。

【例 8-45】

```
@Override
 public Student findStuInfoById(String stuId) {
     return studentDao.findStuInfoById(stuId);
}
```

（4）注册信息 Dao 层的 findStuInfoById 方法实现。

IstudentDao 接口代码如【例 8-46】所示。

【例 8-46】

```
Student findStuInfoById(String stuId);
```

StudentDaoImpl 类代码如【例 8-47】所示。

【例 8-47】

```
@Override
public Student findStuInfoById(String stuId) {
SqlSessionsqlSession=MyBatisUtil.getSqlSession();
    try {
StudentMapperstudentMapper=sqlSession.getMapper(StudentMapper.class);
        return studentMapper.findStuInfoById(stuId);
    } finally {
sqlSession.close();
    }
 }
```

（5）注册信息 Mapper 层的 findStuInfoById 方法实现。

StudentMapper 接口代码如【例 8-48】所示。

【例 8-48】

```
Student findStuInfoById(@Param("stuId")String stuId);
```

StudentMapper.xml 代码如【例 8-49】所示。

【例 8-49】

```
<select id="findStuInfoById" resultMap="studentResult">
        SELECT s.student_id,s.student_name,s.sex,s.class_id,s.student_state,c.*
        FROM student s left join class c on s.class_id=c.class_id
        where s.student_id=#{stuId}
</select>
```

2. 住宿信息

单击左侧导航栏中的“住宿信息”子菜单，即可在右侧空白处显示该学生的住宿信息，包括学号、姓名、床位号、楼号、宿舍号、床号等。如果该生退宿或没有住宿，住宿信息就不会显示了。“住宿信息”页面的显示效果如图 8-15 所示。

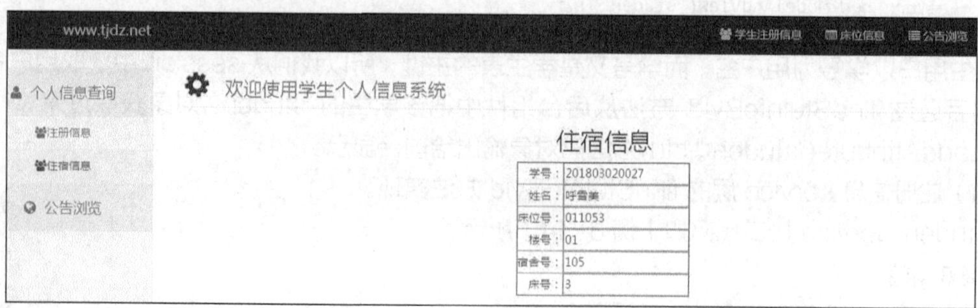

图 8-15

住宿信息模块的设计方法与注册信息模块基本一致，这里不再赘述，具体代码可参考本书源代码。

（二）公告浏览

单击左侧导航栏中的“公告浏览”菜单，即可显示公告列表信息，单击“详情”按钮即可打开公告详情页。“公告列表”页面效果如图 8-16 所示，“公告信息”页面详情效果如图 8-17 所示。

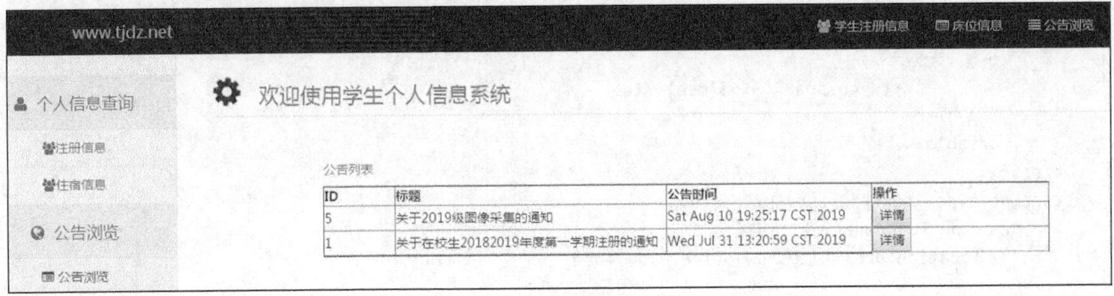

图 8-16

公告信息

公告信息详情
标题：关于2019级图像采集的通知
内容： 今定于9月23日、24日两天2019级新生图像采集，具体安排请参照《2019级新生图像采集时间地点安排》，请各系安排好人员予以配合。教务处
时间：Sat Aug 10 19:25:17 CST 2019

图 8-17

公告列表的学生用户和管理员用户共用了一个 noticelist.jsp 视图，只是在操作按钮的设计上判断用户角色类型：对于管理员用户，“删除”“修改”和“详情”按钮全部显示，而对于学生用户只显示“详情”按钮。

noticelist.jsp 视图的具体实现代码如【例 8-50】所示。

【例 8-50】

```
<body >
<br/>
<c:if test="${noticeList.size()!=0}">
     <table id="tbitem" border="1" bgcolor="#f0f8ff" align="center" valign="center">
         <caption>公告列表</caption>
         <tr>
             <th width="80px">ID</th>
             <th width="300px">标题</th>
             <th width="230px">公告时间</th>
             <th width="200px">操作</th>
         </tr>
         <c:forEach items="${noticeList}" var="notice">
             <tr>
                 <td>${notice.nid}</td>
                 <td>${notice.ntitle}</td>
                 <td>${notice.ntime} </td>
                 <c:choose>
                      <c:when test="${user.role.rid==4}">
                          <td colspan="4">
             <input type="button" value="详情" align="" onclick="toshownotice(${notice.nid})" />
                            </td>
                        </c:when>
                        <c:when test="${user.role.rid==1}">
```

```
                        <td colspan="4">
                    <input type="button" value="详情" onclick="toshownotice(${notice.nid})" />
                    <input type="button" value="删除" onclick="delnotice(${notice.nid})" />
                    <input type="button" value="修改" onclick="tomodifynotice(${notice.nid})" />
                        </td>
                       </c:when>
                    </c:choose>
                 </tr>
              </c:forEach>
              <tr>
                  <td colspan="3">${msg}</td>
              </tr>
          </table>
</c:if>
<script type="text/javascript" >
    function toshownotice(nid){
        location.href="/toshownotice?nid="+nid;
    }
    function tomodifynotice(nid){
        location.href="/tomodifynotice?nid="+nid;
    }
    function delnotice(nid){
        if(confirm("你确定要删除编号是"+nid+"号的信息吗?")){
            $.ajax({
                async:true, //异步请求
                type:"POST",
                url:"/deletenotice",
                dataType:"json",
                data:{
                    "nid":nid,
                },
                success:function (rel) {
                    if(rel.success){
                        alert("删除数据成功");
                        window.location.reload();    //页面刷新
                    }else{
                        alert("删除数据失败");
                    }
                }
            })
        }
    }
</script>
<script src="http://libs.baidu.com/jquery/1.11.1/jquery.min.js"></script>
<script src="http://cdn.staticfile.org/modernizr/2.8.3/modernizr.js"></script>
</body>
```

公告信息详情的视图 notice.jsp 的具体实现代码如【例 8-51】所示。

【例 8-51】

```
<body>
<h2 align="center" border="2">公告信息</h2>
<fieldset>
    <legend>公告信息详情</legend>
    <div id="notice">
        <div id="title">标题：${notice.ntitle}</div>
       <div id="ncontent">内容：${notice.ncontent}</div>
       <div id="ntime">时间：${notice.ntime}</div>
```

```
    </div>
</fieldset>
</body>
```

任务七 项目小结

任务要求

本任务要求回顾本项目重要知识点。

任务实现

本项目主要介绍了基于 SSM 框架整合的学生信息管理项目实战案例，该案例包括 SSM 环境搭建、系统设计、数据库设计、组件设计及系统实现等，对 SSM 框架的各部分 Spring、Spring MVC 及 MyBatis 进行了综合运用，对于读者深层次理解 SSM 框架很有帮助。

课后练习

参照学生信息管理系统案例，尝试开发一个基于 SSM 框架的图书管理系统。